LES

CHASSES ENFANTINES

LE CHATEAU DE ROBERT.

LES
CHASSES ENFANTINES

PAR

BÉNÉDICT-HENRY RÉVOIL

ORNÉ DE NOMBREUSES VIGNETTES

PARIS
P. DUCROCQ, LIBRAIRE-ÉDITEUR
55, RUE DE SEINE, 55

1875

ABBEVILLE

IMPRIMERIE BRIEZ, C. PAILLART ET RETAUX

LES

CHASSES ENFANTINES

CHAPITRE PREMIER

LES VACANCES. — LE ROI DES BRACONNIERS. — LE BROCART PENDU. — LES ÉCUREUILS, LES PIES ET LE LIÈVRE PRIS AU COLLET.

Les études avaient été excellentes cette année dans le collége de M..., petite ville du département de Seine-et-Marne, près de Fontainebleau. Les vacances étaient arrivées, et la distribution des prix avait comblé de joie les parents et les amis de tous les jeunes élèves.

On se fit de chaleureux adieux entre camarades

de classe, se promettant de se rendre visite d'un château à l'autre, de se retrouver souvent, si faire se pouvait, et enfin de se revoir au collége, à la rentrée.

Puis on se sépara, chacun entraîné par sa famille. Deux jeunes cousins, Lucien et Henri de Chérolles, devaient passer les vacances ensemble. Leurs pères et leurs mères se trouvaient réunis dans le château de Morcerf, sur les confins de la Beauce, à l'extrémité de la forêt de Fontainebleau, et cette vie en commun souriait fort à nos jeunes gens, qui se promettaient force parties de plaisir jusqu'à l'automne prochain.

M. de Chérolles, père de Lucien, habitait un vieux château, derrière lequel une vaste ferme étageait ses bâtiments le long d'une colline couverte de bosquets, de champs verdoyants et d'enclos où hennissaient de jeunes chevaux, et où des vaches et des moutons paissaient en grand nombre.

Devant le manoir de Morcerf s'étendait un grand parc contenant à la fois de superbes ombrages,

M. Agénor de Chérolles était un homme heureux
..... Son frère.   (Page 8).

des eaux vives, et enfin un étang profond où le poisson abondait : les parquets d'une faisanderie modèle, des terriers de lapins habités jusqu'aux *gueules*, tout concourait à rendre ce séjour le plus agréable du monde.

M. Agénor de Chérolles était un homme heureux : libre de son temps et de ses actes, jouissant d'une très-belle fortune, il s'évertuait à vivre le plus doucement possible, à distribuer de nombreuses aumônes, à diriger la culture de ses terres et à chasser comme un bon *gentleman farmer*.

Son frère, dont les propriétés étaient situées dans la Nièvre, au milieu des vastes forêts qui couvrent cette partie de la France, aimait également la vie des champs, et passait toujours une partie de l'année à Morcerf, non-seulement pour vivre en compagnie de son aîné, mais encore pour partager ses exercices et ses plaisirs.

Mesdames Anaïs et Louise de Morcerf étaient deux femmes charmantes à peine âgées de trente ans, et qui éprouvaient une très-grande joie à se trouver ensemble.

La présence de leurs enfants pouvait seule ajouter quelque chose à leur bonheur, et elles les attendaient ce jour-là.

Un char à bancs de Binder, voiture élégante qui servait à MM. de Morcerf pour leurs excursions de chasse, soit dans les environs, soit dans les départements voisins, amena vers le soir Lucien et Henri à leurs parents.

Après souper, la soirée de famille fut courte ce premier soir-là. Les uns et les autres, parents et amis, étaient fatigués des émotions de cette journée, de la distribution des prix et d'un voyage qui dérangeait leur quiétude ordinaire.

Chacun alla se coucher vers dix heures. Les deux écoliers, retirés dans une chambre à deux lits, furent les derniers de la maison à fermer les yeux, car ils s'entretenaient des émotions de la journée, de leurs plaisirs futurs et du charme qu'il y avait à ne plus être soumis à la discipline du collége.

Ils faisaient les plus jolis rêves, quand le soleil du matin vint colorer les vitres de leur nouveau dortoir en les tirant de leur sommeil. Prestement habillés, ils furent bien vite prêts pour faire une promenade dans le parc.

Personne n'était encore debout dans le manoir de Morcerf, hormis le vieux garde chef de M. de Chérolles, qui parut sur la porte de la ferme, au moment où nos deux écoliers en vacances passèrent le seuil du *hall*, qui ouvrait sur la pelouse.

Le brave serviteur salua gravement ses deux jeunes maîtres et leur souhaita la bienvenue.

— Comme vous v'là levés d'bon matin, messieurs, dit-il ; vous vous disposez probablement à faire un p'tit tour ?

— Et vous, père Landry, vous allez à la chasse ?

— Non point, j' vais veiller contr' les braconniers, et, Dieu tonnant ! gn'y en a t'y d' ces coquins-là, dans l' département de Seine-et-Marne !

— Ah ! répliqua Henri : vous plaignez-vous toujours de *Fouraille ?*

— Si j' m'en plains ! mais c' scélérat a déjà pan-

neauté deux compagnies de perdrix rouges d'puis
trois jours. C'est même contre lui que j'suis en
tournée. Si je le pince, gare à ses côtes !

— Mais il vous arrivera malheur, mon pauvre
Landry, avec ces braconniers.

— Oh ! j' les crains point.

— Eh bien ! nous allons vous accompagner,
dirent à la fois les deux enfants. Guerre à Fouraille
et à ses camarades !

Landry objecta inutilement quelques raisons de
prudence aux deux jeunes gens. Il pourrait être
dangereux pour eux de le suivre ; leurs parents, d'ailleurs, ne seraient peut-être pas satisfaits, etc...

— Laisse-nous donc tranquille, mon cher Landry, nous sommes des hommes et rien ne nous
fait peur.

Le vieux garde sourit à cette innocente bravade
et se laissa suivre par nos deux écoliers, qui ré-
glèrent aussitôt leurs pas sur les siens.

Comme ils pénétraient dans la première grande
allée du bois, Lucien et Henri, qui avaient fini par

prendre les devants, reculèrent tout à coup en apercevant dans un sentier, à droite, un grand corps noir qui se balançait suspendu à une grosse branche d'arbre.

— Regarde donc, Landry ! s'écrièrent-ils.

— Mille millions de cartouches ! c'est encore là un coup de ce scélérat de Fouraille. Le coquin ! mon plus beau brocart ! Oh ! il me payera cela. Quel malheur !... je ne m'étais pas douté du coup, et lui est trop fin pour se laisser pincer. Sacredié !

Pendant que Landry se lamentait de la sorte, les deux enfants avaient dépendu la pauvre bête, qui était encore chaude, car il y avait à peine une heure qu'elle avait été assez folle pour se jeter tête baissée dans un large collet en fil de laiton disposé avec une habileté infernale par Fouraille, la veille au soir, tandis que ce brave Landry prenait son modeste souper.

Le brocart, en effet, était une des plus belles bêtes du parc où M. de Morcerf entretenait une quarantaine de ces animaux.

Fouraille le savait bien, et quoiqu'il courût grand risque en venant ainsi, dans un endroit clos de murs, voler le gibier d'autrui, on devait compter chaque semaine, grâce à un engin quelconque, sur la disparition d'une grosse bête et d'autre menu gibier.

Le braconnier était si habile qu'on ne pouvait jamais le surprendre. On l'avait bien vu de loin, mais jamais Landry n'avait pu lui mettre la main sur le collet. Il était à lui seul plus redoutable qu'une famille de renards.

Les deux cousins soupesaient la pauvre bête, tandis que Landry parcourait les environs du bois afin de découvrir quelque indice du passage du braconnier. Deux bûcherons, employés de M. de Morcerf, qui passèrent en ce moment, revenant d'une *vente* où ils étaient allés faire du bois, racontèrent au garde qu'ils avaient aperçu un homme se glissant dans un sentier comme un malfaiteur le long des fossés pour regagner le mur du parc.

A la description que lui firent ces hommes, Landry reconnut que c'était bien l'ennemi de son repos, le terrible Fouraille.

— Ah ! c'brigand-là, s'écria-t-il, je n's'rai heureux qu' quand j' l'aurai vu passer aux assises. Voyons, mes jeunes maîtres, donnez l' brocart aux bûcherons, ils l' porteront au château. Et maintenant, si vous le voulez bien, nous irons jusqu'à la plaine, afin d' voir par la p'tite porte du parc si rien d' mal n' s' pass' par là.

Lucien et Henri suivirent le garde, qui leur montra de nombreux écureuils dont l'agilité amusa fort longtemps les deux écoliers.

Landry leur expliqua que ces gentilles petites bêtes, que l'on croyait être les ennemis des arbres, ne faisaient pas, après tout, autant de ravages qu'on le disait.

Elevé dans les bois, le garde du parc de Morcerf en savait bien plus que certains naturalistes, et sa conversation était parfois très-intéressante. Il rabâchait bien quelquefois, mais après tout, ce qu'il disait était fort instructif.

— Ceux que v'là, disait Landry, en désignant

deux superbes animaux à poil roux, sont des p'tits

coquins qui r' viennent de la ma- raude plus tard que les autres. Mais so- yez cer- tains que dans un' heure nousn'en verrons plus un seul. Ils auront tous r' joint leurs ca-

Au moment où Landry mettait en joue. (Page 16).

ches. Voyez donc, messieurs, comme ils sont propres, vifs, alertes, éveillés, les yeux pleins d'feu ; comme ils ont une jolie tête ! Et cette queue en forme d' panache !

Lucien et Henri ne perdaient pas de vue les écureuils que leur montrait le garde. Mais bientôt les jolis quadrupèdes firent un bond au milieu des branches d'un gros chêne et au moment où Landry mettait en joue l'un d'eux, pour le tuer et le donner aux deux jeunes cousins, ils disparurent dans un creux dont l'orifice se trouvait près de la fourche formée par deux grosses branches.

— C'est là qu'est la *cache,* fit Landry. Je n' la connaissions point. Oh ! c'est gentil à voir un nid d'écureuils, ajouta-t-il : il est fait de petites branches entrelacées et reliées entre elles par de la mousse. Ils sont ainsi à l'abri du froid et de l'humidité.

— Montrez-nous un de ces nids, Landry, demandèrent à la fois les deux enfants.

— Faudrait avoir une échelle pour ça, mais nous y r'viendrons un d' ces jours, répliqua le garde.

Oh! c'est gentil à voir un nid d'écureuils. (Page 19).

Tiens ! tiens ! v'là des pies qui jacassent... Qu'est-ce que ça peut bien être, bon Dieu..., s'écria-t-il tout à coup. V'nez donc avec moi. Y a quelqu'chose pour sûr.

Les trois promeneurs s'avancèrent immédiatement à petits pas, en épiant les allées et les venues des oiseaux parleurs.

Bientôt, sur la cime d'un érable, qui s'élevait au milieu d'une clairière, Lucien et Henri aperçurent une douzaine de pies qui volaient de branche en branche, s'abaissaient sur le sol, remontaient, redescendaient. C'était un va-et-vient qui trahissait une préoccupation sans pareille.

— J' parierais mon meilleur coup de fusil qu' c'est encore là un tour de Fouraille. C'est quelque gibier mort ou pris au collet que ces d'moiselles se disputent : approchons-nous.

Landry ne s'était pas trompé : au milieu d'un sentier gisait un lièvre, retenu par le cou à l'aide d'un fil de laiton, disposé en nœud coulant.

Décidément le braconnier qui ravageait le parc de Morcerf l'exploitait en coupe réglée.

— Un chevreuil, un lièvre ! sans compter le reste... Il y va bien l'chenapan. Non ! faudra qu' ça finisse, ou j'quitt' le métier, fit Landry.

Le pauvre lièvre était mort comme le brocart. On le dépendit, on l'étira, on le mit dans le sac du garde et l'on reprit le chemin de la maison, car l'heure approchait où la famille devait se réunir dans la salle à manger.

— Si vous voulez, messieurs, dit Landry, nous irons par la mare au blaireau.

— Un blaireau ? s'écrièrent les deux enfants.

— Certainement ! un aut' braconnier qui s'est introduit dans l'parc on n' sait trop comment, mais que nous allons pincer un d' ces quatre matins, MM. de Chérolles et vous, qui, naturellement, serez de la partie.

— Un blaireau ! est-ce une très-grosse bête ? demanda Henri.

— D' la taille d'un chien, mais avec de très-petites jambes qui l'empêchent de trop courir. Avec les bassets du chenil, nous l' déterrerons sans faire *brouette*, le jour où nous voudrons. J' puis vous affirmer à l'avance, messieurs, que vous vous amus'rez comm' des princes.

Landry, à la demande des deux enfants, leur raconta ce qu'il savait sur les blaireaux ; il leur dit que les jeunes s'apprivoisaient quand on les prenait dans le nid ; il leur apprit que ces animaux se nourrissaient de gibier, d'œufs de toutes sortes et de faînes, de lézards, de serpents, de sauterelles et de grenouilles même.

Le garde ajouta mille détails curieux sur l'existence de ce quadrupède paresseux, défiant et solitaire, qui vit à l'écart dans les bois et ne sort que la nuit.

Tout en causant avec les deux enfants, Landry avait atteint le terrier dont il avait parlé.

La bête puante avait choisi pour sa demeure souterraine une fissure de roche assez vaste qui se terminait par un boyau ayant toujours une double issue, afin de ne pas être surprise, comme le fit très-bien observer le garde à ses deux jeunes maîtres.

—Voyez-vous ça! l' blaireau m' prend pour un imbécile! il croit fair' l' malin avec papa Landry, mais j' connaissais l'autre *gueule* avant lui, et je vais vous la montrer, elle est par ici.

Tous trois gravirent le rocher qui s'élevait le long d'un sentier étroit, il était tapissé d'un gazon fin et serré, au milieu duquel se trouvait, entre deux touffes de bruyère, un orifice où l'on distinguait les traces du passage d'un animal : c'était la double issue de la retraite du blaireau.

—Au déjeuner! s'écria bientôt Henri. J'entends la cloche, on nous appelle.

Dix minutes après ils rentraient tous les deux au château, où leurs parents les attendaient.

Et comme mesdames de Chérolles se montraient en ce moment sur le seuil de la salle à manger, leurs maris et leurs enfants allèrent à leur rencontre.

On s'entretint pendant le repas des événements de la matinée. Il fut même question de chasse, et comme les deux enfants exprimaient le désir de se livrer à cet exercice en compagnie de leurs pères, M. de Chérolles et son frère leur promirent de les emmener chasser le lapin aux chiens bassets, dans la garenne du parc.

Des ordres furent transmis à cet effet par le maître de Morcerf et son frère qui, aussitôt le repas terminé, allèrent chercher leurs fusils, prirent au chenil deux jolis bassets à jambes torses et emmenèrent leurs enfants dans la partie la plus éloignée du parc, où se trouvaient, dans un terrain sablonneux, de nombreux terriers très-fréquentés par les *janots* de la garenne de Morcerf.

CHAPITRE II

— La chasse aux lapins, dit M. de Chérolles
aux deux enfants qui le suivaient, est fort amu-
sante, comme vous allez le voir. Elle est à la portée de tout le monde : ces deux petits chiens,
Farfouillot et Farot, suffisent. Il n'est pas besoin
de courir ; un goutteux pourrait même se livrer à
cette chasse.

— Heureusement nous ne sommes goutteux ni
les uns ni les autres, fit observer Lucien.

— Oui, mes enfants, continua M. de Chérolles,
les chiens à jambes torses sont ceux que les chasseurs préfèrent. Cela se comprend facilement. Le

lapin est un animal qui court très-bien, mais qui
se fatigue bientôt. S'il rencontre un ennemi qui le
poursuit vigoureusement, il se jette dans le premier terrier venu. Donc, moins les chiens vont
vite, plus on a de chances de tuer des lapins, car
ils ne songeront pas à se terrer, ils se feront battre
en allant et revenant sur eux-mêmes, et dans
toutes ces manœuvres les chasseurs trouvent fré-
quemment l'occasion de les tirer.

— Vous allez nous montrer cela, mon oncle,
fit Henri en s'adressant au maître de Morcerf.

— Oui, mon ami, j'ai donné l'ordre, hier soir,
de boucher tous les terriers. Landry a dû obéir à
mes instructions, et à minuit, en faisant sa tournée, il a indubitablement fourré des tampons de
bruyère dans tous les orifices des terriers, pendant que les lapins étaient au *gagnage*. Quand ils
seront revenus au logis au petit jour, ils auront
trouvé les portes closes, et seront restés dans les
bois où nos chiens les auront bientôt mis sur pied.

— Tenez, papa, voilà Farfouillot qui *sent déjà
bon*.

— En effet, découplons, fit M. de Chérolles. Toi, Lucien, tu vas aller avec ton oncle ; moi je garde Henri.

Cet arrangement étant du goût de chacun, les deux chasseurs et leurs élèves se séparèrent aussitôt.

Dès que Farfouillot et Farot se virent en liberté, ils se hâtèrent de flairer le gazon sur les talus des fossés, les fougères, les thyms et les romarins qui couvraient le sol, et bientôt des *bouaou bouaou* incessants annoncèrent aux chasseurs qu'ils avaient levé un lapin.

— Cet animal ne fait pas de grandes *randonnées*, comme le lièvre, disait l'oncle de Chérolles à son neveu Lucien. Regarde sous bois, il va, il vient, fait cent détours pour un, passe et se coule dans les endroits les plus touffus, se rase souvent et repart à l'arrière du chien, comme il vient de le faire quand Farot a passé par là. Ah ! le lapin est plus rusé que le lièvre ; il court moins longtemps, mais bien plus vite ; il fait des sauts, il glisse en zig-zag et il faut être prompt à lâcher la détente.

Sur ces paroles, l'oncle de Lucien avait mis en joue et une forte détonation faisait tressaillir l'écolier.

— Il y est ! s'écria-t-il.

— Va vite le ramasser, fit M. de Chérolles ; j'ai à peine eu le temps de viser, j'ai jeté mon coup de fusil dans les broussailles... Bah ! si je l'avais manqué, j'aurais pris ma revanche un peu plus tard.

Lucien était revenu près du chasseur, tenant le lapin par les pattes.

— Vite ! vite ! lui dit M. de Chérolles, Farfouillot a encore levé quelque chose ; prenons les devants pour nous trouver sur le passage de l'animal.

Quand ils eurent tous deux trouvé un poste qui pouvait être bon au chasseur, celui-ci expliqua à son neveu qu'il fallait avoir soin de ne marcher qu'au moment où le chien donnait de la voix, et qu'on devait s'arrêter quand il se taisait.

— Un lapin qui vous entendrait pendant le silence des chiens s'enfuirait d'un autre côté, car

avant tout il ne s'occupe que d'une chose : écouter
le bruit afin d'éviter le danger qu'il pressent. Il ne
faut pas croire qu'il prendra la ligne droite pour
venir à vous ; loin de là, il traverse toujours les
endroits fourrés et s'y repose pour en repartir à
l'arrivée des chasseurs.

Tandis que M. de Chérolles instruisait ainsi son
neveu, son frère Agénor racontait les mêmes
détails à Henri et lui donnait l'exemple après la
théorie.

Il y avait entre autres gibiers, dans le parc de
Morcerf, une espèce de lapins que Landry appelait
des *buissonniers* et qui ne se terraient jamais ; on
les trouvait toujours le long des haies du potager ;
ils couraient mieux et plus longtemps que les
autres.

Pour un véritable amateur, un lapin de cette
espèce est une bonne fortune, car il ne s'agit pas
de lancer un lapin et de le tuer au premier saut.
En chassant, le but est de s'amuser, de combattre
une ruse par d'autres ruses, et de finir par triompher.

Il en est de même dans les choses de la vie : une fortune acquise par un travail persistant donne bien plus de jouissances que celle qui vous échoit par un héritage inattendu.

MM. de Chérolles et leurs enfants étaient parvenus le long des haies du potager, et un *buissonnier*, parti sous le nez de Farot, leur donna pendant vingt minutes l'émotion d'une véritable chasse au plus fin.

Bref d'un coup de feu bien dirigé un superbe *janot* fit la pelote sur le sable d'une allée. C'était M. Agénor qui avait mis par terre ce rusé rongeur.

Dans le parc de Morcerf où les lapins étaient en grand nombre, afin d'empêcher ces destructeurs de trop se multiplier et pour tenir les choses dans un honnête équilibre, on commençait à chasser au mois d'août. A cette époque les lapereaux sont toujours assez forts pour se défendre et l'on faisait ainsi de suffisantes hécatombes afin de ménager la propriété.

— Il y a huit jours, raconta l'oncle de Chérolles

aux deux enfants, nous chassions ici même avec

Un buissonnier partit sous le nez de Faro.   (Page 28).

Agénor : les bassets donnaient de la voix à qui

mieux mieux. Le lapin était à bout ; il avait beau se raser, Farfouillot et Farot le poursuivaient sans relâche. Tout d'un coup ces deux bons chiens se trouvèrent en défaut. C'était la première fois de leur vie. Savez-vous où le lapin s'était réfugié ? demanda l'oncle à son neveu et à son fils ! Non ! Hé bien ! sous la carnassière d'Agénor, qui l'avait posée pour... enfin n'importe, sur le revers du fossé. Voyant les chiens arriver près de son sac, il les avait soupçonnés d'en vouloir à notre goûter ; le fouet avait fait son office. Farfouillot et Farot avaient été rompus ; mais c'était bien à tort, ils avaient raison l'un et l'autre. Lorsqu'une heure après, mon frère reprit sa carnassière, le lapin se leva, partit, et avant que nous eussions pu le mettre en joue, alla s'enfoncer dans la gueule d'un terrier.

Au moment où le chasseur racontait cette anecdote aux deux écoliers, un superbe renard traversa prestement la route à quelque vingt mètres en avant, levé par les chiens qui se trouvaient encore sous bois.

Trois coups de feu rapidement tirés atteignirent la bête de rapine qui recula le long du talus d'un fossé de drainage, se débattant inutilement contre la mort.

— Voilà qui vaut mieux que tous les lapins du monde, s'écrièrent Lucien et Henri.

— Oui, certes, dit M. Agénor ; c'est ce bandit qui ravage mon parc depuis huit mois. Dix fois déjà Landry l'a eu *en belle* et l'a manqué. Ce vieux *quatre pattes* nous a mangé plus de faisandeaux et de perdreaux que nous n'en avons pris depuis deux ans.

— C'est ma mère qui sera contente, fit observer Lucien : la peau du renard va lui faire un joli tapis de pied.

— C'est ce qui te trompe, mon enfant, répliqua le père. Le poil d'été ne tient pas, et le bon Dieu a bien fait les choses, car si la fourrure était aussi fournie en cette saison qu'en hiver, l'animal qui la porte aurait trop chaud d'une part, et puis il serait dévoré par les puces. Mais n'importe, le renard ne fera plus de mal à mon gibier ; c'est déjà quelque chose.

— Reposons-nous ici, fit le maître de Morcerf en s'adressant aux deux enfants et à son frère. Toi, dit-il à ce dernier, tu vas nous raconter l'histoire du lapin pour instruire ces jeunes gens.

— Volontiers. Écoutez donc : « Le lapin joue un grand rôle dans l'économie domestique. Il s'élève facilement, ne coûte rien à nourrir et sa chair est fort bonne, comme vous le savez. Le savant Olivier de Serres, qui vivait à l'époque de Henri IV, disait que les meilleurs lapins étaient les lapins sauvages, et il avait raison. Au temps de Boileau Despréaux, un gastronome distingua un lapin sauvage d'un lapin domestique, puisque ce poëte, en parlant du campagnard, dit :

> Je riais de le voir, avec sa mine étique,
> Son jabot jadis blanc et sa perruque antique,
> En lapins de garenne ériger nos clapiers.

« Il paraît cependant que les procureurs de l'époque ne s'y connaissaient pas beaucoup, puisque Racine a fait dire à Chicaneau dans *les Plaideurs* :

> Prends-moi dans mon clapier trois lapins de garenne
> Et chez mon procureur porte-les ce matin.

« Le procureur, l'avoué de Chicaneau, dut bien se régaler avec des lapins de choux. Aujourd'hui je n'oserais faire un pareil tour au mien.

« Ce n'est qu'au moyen âge que l'on s'est occupé de la civilisation du lapin. Au temps des Romains de l'ancienne Rome, les lapins étaient rares en Italie. Les Lucullus, les Scorrus, ces riches financiers près desquels les nôtres ne sont que des pingres, faisaient venir de l'Afrique les lapins qui devaient avoir l'honneur de figurer sur leurs tables. Ils faisaient même de singuliers ragoûts avec les petits lapins arrachés du ventre de la mère, ou pris à la mamelle, et qu'ils apprêtaient sans les vider. Pline raconte que c'était excellent. Les habitants des îles Baléares demandèrent à l'empereur Auguste des hommes pour détruire les lapins qui s'étaient multipliés prodigieusement. Ces peuples auraient cru commettre une impiété en tuant des lapins et en les mangeant. Ce même préjugé, César le remarqua dans les îles Britanniques. Les Anglais d'alors ne croyaient pas qu'il leur fût permis de manger des poules et des lièvres; ils se sont bien civilisés depuis cette époque. Les lapins ont eu des autels dans l'île de Délos ; les Grecs ornaient de marbre l'ouverture de leurs terriers, probablement pour honorer en eux l'emblème de la fécondité, car il est bon que vous sachiez, mes enfants, qu'une femelle fait dix et douze portées de sept à neuf lapereaux par an, et que ces mêmes lapereaux peuvent avoir à leur tour des petits, six mois après. Agénor nous dira qu'à l'époque où il a acheté Morcerf, il n'y avait pas un lapin dans le parc. Son ancien propriétaire, peu amateur de chasse, les avait tous massacrés, et avait défoncé leurs terriers. Mon frère acheta quatre femelles et deux bouquins : un an après, tout son bois était dévoré ; il a fallu mettre le holà et nous l'y avons mis, en compagnie de nos amis et avec l'aide de Landry, qui se charge en temps opportun de tuer le plus de femelles pleines qu'il lui est possible.

— Attention ! à toi ! s'écria tout à coup M. de Chérolles aîné à son frère.

Pan ! pan ! et un superbe lapin, qui était venu narguer les deux chasseurs à dix mètres de l'endroit où ils se reposaient un instant, passa de vie à trépas par les soins de l'habile tireur.

— Voilà notre dîner assuré, au cas où Marthe, le savant cordon bleu du château, n'aurait pas pourvu au repas du soir. Et je vous préviens, mes enfants, qu'elle sait faire un plat dont vous n'avez jamais goûté au collége. Sans être gourmands, il vous est permis de trouver bon ce qui l'est.

— Allons rejoindre vos mères, dit M. de Chérolles aux écoliers ravis de leur première promenade. Nous passerons, avant de rentrer au logis, devant les faisanderies que je veux vous montrer, car c'est là un spectacle qui vous intéressera, en ce moment surtout. Nous vous avons attendus pour lâcher dans le parc les faisandeaux, et, demain matin, nous procéderons à cette opération.

Les quatre promeneurs se dirigèrent vers l'étang du parc, sur les bords duquel deux superbes hérons, montés sur de longues pattes, la tête sous l'aile, ne songeaient qu'à digérer et à dormir paisiblement.

Mais à peine les chasseurs et les deux enfants

furent-ils à cent mètres des grands oiseaux, que ceux-ci détendirent leur cou, et, prenant leur vol, traversèrent la nappe d'eau et disparurent derrière les joncs du marécage qui se trouvait à l'extrémité de l'étang.

— Sottes bêtes ! s'écria Lucien, car tu ne leur aurais pas fait de mal, père ?

— Certes non ! mais que veux-tu ? leur instinct s'est éveillé : ils sont sauvages et n'ont pas deviné que nous voulions leur donner à manger, plutôt que de les manger nous-mêmes.

Suivant un chemin qui coupait court à travers bois, nos quatre promeneurs arrivèrent à la maison d'un garde dont la seule occupation, dans la propriété de M. de Morcerf, était d'élever des faisans.

Derrière la maison, simple chalet, parfaitement commode, on remarquait des parquets, adossés à une muraille élevée de six mètres, en plein soleil. Ces parquets étaient tout couverts par un filet de gros fils goudronnés, supportés par des pieux et plantés au milieu d'arbres verts, tandis que le sol

était recouvert d'un sable très-fin. Au centre de
ces cages immenses, un filet d'eau intarissable
passait dans une rigole fort proprement entretenue.

Il y avait des faisans de toutes les espèces.   (Page 38).

Le garde-faisandier, après avoir salué son maître et les trois autres visiteurs, les conduisit le
long des parquets, en sifflant tout le temps, de fa—

çon à avertir les oiseaux de sa présence, sans les effaroucher.

Il y avait là des faisans de toutes les espèces, depuis l'oiseau doré, argenté, jusqu'aux faisans de l'Inde, et aux volatiles de la même espèce qui viennent du Caucase et de la Bohême.

Un grand nombre de poules faisanes caquetaient avec leur couvée dont la *livrée* était loin de ressembler encore au brillant uniforme des pères coqs relégués dans une volière à part ; ils étaient fort sauvages et s'élançaient contre les mailles du filet, au moindre bruit, à la première apparition d'un visiteur inconnu. Le garde seul avait le don de ne pas les effrayer.

Tous ces charmants oiseaux étaient parfaitement entretenus, bien portants.

M. de Chérolles fit des compliments à Berthet, élève du célèbre Varé de MM. de Rothschild, et le prévint de se tenir prêt pour le lendemain, afin de donner aux jeunes gens le plaisir d'un *échappement* de faisans.

— Tout sera prêt, monsieur, répondit celui-ci.

— Vers neuf heures nous serons ici.

Sans s'arrêter davantage, car l'heure du déjeuner était presque sonnée, les quatre promeneurs rentrèrent au château, où les deux mères choyèrent leurs enfants et se réservèrent leur compagnie pour le reste de la journée.

CHAPITRE III

Le reste de la journée s'écoula sans incident au manoir de Morcerf : quelques visites des suzerains du voisinage vinrent seulement animer la quasi-solitude des châtelains.

Lorsque le dîner fut achevé, Henri et Lucien prièrent leur père et leur oncle de leur raconter l'origine du faisan en Europe, car ils savaient, d'après leurs études du latin, que ces oiseaux venaient d'un pays appelé : le Phase, d'où leur avait été donnée leur qualification patronymique.

M. de Chérolles prit alors la parole et leur raconta ce qui suit :

— En effet, mes enfants, l'origine des faisans remonte à la conquête de la Toison d'or par les Argonautes. Jason de retour de cette expédition dans la Colchide, arrosée par le Phase, rapporta en Grèce, dit la tradition, une espèce d'oiseau de toute beauté qu'il avait trouvé et dont il s'était emparé sur les rives marécageuses de ce courant d'eau. Telle est l'origine du faisan.

« Aristote — que vous connaissez, mes enfants, et qui a écrit sur tant de sujets, — donne dans un de ses livres la description la plus minutieuse du faisan acclimaté.

« Je vais vous montrer le fac-simile d'un manuscrit célèbre du quinzième siècle, le *Roy Modus*, où se trouvent encore quelques pages consacrées aux faisans.

En effet, M. de Morcerf exhiba aux deux jeunes gens le beau livre illustré et colorié où l'auteur du moyen âge a parlé de ces oiseaux.

— Enfin, M. de Buffon, dont la collection est dans toutes les bibliothèques, s'est fait l'historiographe de cet oiseau.

« Au dix-neuvième siècle, le faisan se trouve partout où le terrain lui convient, où la nourriture lui est fournie, soit naturellement soit artificiellement. Dans les environs de Paris, ce sont les départements de Seine-et-Marne, de Seine-et-Oise et de l'Oise, qui possèdent le plus grand nombre de ces oiseaux. Dans les autres parties de la France, on les trouve en Sologne, en Touraine, dans les îles du Rhône entre Tain et Valence, dans les îles de Lérins et enfin, en remontant vers l'est, sur les bords du Rhin et dans quelques parties de l'Alsace.

« En Picardie, en Saxe, en Bohême, en Angleterre, en Italie, dans les propriétés de la Couronne où chasse le roi Victor-Emmanuel, à Capo di Monte, les faisans pullulent et sont aussi nombreux que les poules dans nos fermes les mieux tenues.

« Près de Constantinople, les faisans vivent à l'état sauvage et ils se multiplient d'autant plus que, grâce aux lois du Coran, la chasse est défendue aux Fils du Prophète, ce qui n'empêche pas que

Sa Hautesse Abdul-Azis ne se livre souvent aux plaisirs d'une excursion cynégétique sur ses domaines, au grand déplaisir des vieux croyants et des ulémas.

Il va sans dire que les deux écoliers étaient tout oreilles au récit du chasseur émérite.

— Mon oncle, dit Lucien au narrateur, veuillez donc, je vous prie, nous dire comment il se fait qu'il y ait tant de variétés dans les faisans, dont quelques-uns sont si différents des autres qu'on les prendrait pour des oiseaux d'une tout autre espèce.

— Il n'y a véritablement que six espèces de faisans en France. Nous comptons d'abord le *faisan commun*, appendu durant les mois de chasse aux crocs de fer de nos marchands de gibier, revêtu d'une robe d'écailles mordorées, le col encerclé d'une cravate verte, la tête ornée d'une crête écarlate, s'étendant autour des yeux et des oreilles, lesquelles sont surmontées de deux aigrettes d'un vert doré que l'oiseau redresse fièrement au printemps.

— Et la queue du faisan, papa? s'écria Henri.

— Ne crains rien, mon enfant, je n'oubliais pas cet appendice sans pareil qui mesure quelquefois de quarante à quarante-cinq centimètres.

« Vient ensuite le *faisan de Bohême* d'un plumage encore plus beau que le précédent, qui est orné d'un collier blanc, lequel tranche comme la cravate d'un notaire ou d'un médecin sur l'émeraude azurée de son col. La teinte mordorée des plumes est peut-être plus accentuée sur le corps de cet oiseau que sur celle du faisan commun.

« Le *faisan cendré* a cela de remarquable qu'il est teinté de gris cendré sur le dos et sur les ailes. La nuance des plumes est bleuâtre sur le cou et sur la poitrine. On dirait un gallinacé trempé dans un bain argenté par le procédé Ruolz.

« Les *faisans dorés* qui ornent la volière de ta maman, mon cher Lucien, sont importés de la Chine, où on les trouve en très-grand nombre. Mais vous saurez, mes amis, que c'est pour leur robe et non point pour leur chair qu'ils sont acclimatés en Europe.

— Quel dommage ! fit madame de Chérolles en s'adressant à son beau-frère. Ce serait si joli de servir un rôti orné des dépouilles brillantes de ces faisans !

— J'en conviens, ma chère belle-sœur, fit M. de Chérolles, mais vos convives mangeraient un gibier sec et coriace.

« Le *faisan de l'Inde*, mes charmants auditeurs, celui que les naturalistes nomment *Phasianus versicolor*, a le plumage violacé, et il a été acclimaté dans nos bois, de façon à l'apparier avec nos autres espèces. En somme les faisans les plus estimés des chasseurs sont le faisan ordinaire, celui de l'Inde et celui de Bohême.

— D'où vient mon oncle, demanda Lucien, que ces oiseaux sont si peureux, si farouches ?

— Cela tient à leur naturel méfiant : à l'approche de l'homme, ils fuient et s'envolent dès qu'ils ne peuvent plus se raser sous quelque buissons. Vous avez dû remarquer ce matin que, dans les parquets où nous renfermons nos faisans, ces oiseaux gardent toujours l'horreur de la civilisation.

On en voit qui se brisent la tête contre les mailles de fer de leur cage, dès qu'on en approche de trop près.

— Mon cher oncle, observa Lucien, où rencontre-t-on les faisans quand on les chasse au bois ?

— Dans les taillis épais, sous les ronciers les plus inextricables, les buissons d'épines marécageux, sur la lisière des bois, aux abords de la plaine, rarement au milieu de la forêt, à moins que le garde ne les y *agraine*, car ces oiseaux tendent toujours à aller au *gagnage* ; c'est-à-dire dans les prairies et les champs ensemencés.

— De quoi se nourrissent les faisans ? demanda Henri.

— De blé, d'orge, d'avoine, de sarrasin dont ils sont très-friands : aussi les faisandiers ensemencent-ils toujours un champ de blé noir, dans le voisinage de leur garderie.

— N'oublie pas les œufs de fourmis, dit M. Agénor à son frère.

— Parbleu ! c'est encore là une gourmandise

du faisan. Vous avez certainement rencontré dans vos promenades, mes enfants, des monticules formés de débris de branches, de brindilles de feuilles, friables, poussiéreux, sur lesquels couraient de grosses fourmis. Ce sont les « nids » de ces insectes, au fond desquels, — si vous remuez le tas et éparpillez la croûte, — vous trouvez des graines blanches de la grosseur d'un grain de riz crevé à l'eau. C'est cela qu'on appelle des œufs de fourmis. Dans toutes les faisanderies bien organisées, on occupe des gens à la recherche de ces œufs. C'est la vieille Nicole, vous savez bien, celle à qui nous faisons tous les dimanches l'aumône à la porte de l'église, qui est la *fourmilleuse* de Morcerf.

— J'ajouterai au récit que tu nous as fait, mon frère, dit M. Agénor, que les faisans adorent les baies de sorbier, les mûres, les groseilliers, etc., etc., sans excepter le raisin. Dans tous les pays vinicoles on peut même être assuré de rencontrer ces gallinacés sous les ceps où ils vont se gorger de raisins avec tant de gloutonnerie qu'il nous est arrivé deux fois à mon frère et à moi d'en rencontrer de tout à fait ivres.

— Mais alors vous les preniez à la main ? fit observer Henri.

— Parfaitement. Toutefois le cas est rare, continua M. de Chérolles, il vaut mieux compter sur son fusil, en ayant soin de ne pas se presser, car enfin le proverbe est là : *Si tu tires à la queue, il a fait une lieue.* C'est le chasseur *Deyeux* qui l'a dit, et il s'y connaissait, le vieux madré.

— Mais, cher papa, l'entretien des faisanderies doit coûter fort cher ?

— Très-cher, en effet, et de plus c'est un travail qui exige un art spécial. Les parquets où éclosent et où se tiennent les jeunes couvées réclament les plus grands soins et les élèves ne réussissent pas toujours.

— Vous verrez demain matin, mes chers enfants, les faisandeaux que mon brave Berthet a produits : il y en a deux cent trente-cinq, m'a-t-il dit, tous bien portants et très-bien emplumés, et vous aurez grand plaisir à les voir courir, se faufiler dans les herbages et chercher un abri qui leur permette d'éviter les attaques des oiseaux de proie et les poursuites des bêtes puantes.

La veillée était terminée et les habitants de Morcerf se retirèrent dans leurs appartements.

Je dois dire, pour être fidèle narrateur, que les rêves de mes deux jeunes écoliers furent aussi dorés que les faisans de la volière du château.

Dès que le jour parut, Lucien et Henri furent les premiers debout et descendirent pour attendre leurs pères qui avaient promis d'être aussi matineux que possible.

En effet, M. Agénor de Chérolles et son frère se montrèrent bientôt sur le seuil de la salle à manger où leurs jeunes fils savouraient une tasse d'excellent café à la crème.

— Bravo, mes amis, s'écria le maître de Morcerf, vous avez l'appétit ouvert de bonne heure.

— Bonjour papa, bonjour mon oncle, répliquèrent les deux enfants. Nous sommes à votre disposition.

— Le temps de prendre notre café noir, et nous partirons aussitôt. Landry est-il arrivé ?

— Il est à la cuisine, attendant les ordres de monsieur, répliqua aussitôt le domestique qui servait à table.

Un quart d'heure suffit à MM. de Chérolles et à leurs enfants pour achever leur modeste repas et prendre leurs dernières dispositions. Cela fait on se mit en route.

Tout était prêt à la faisanderie, quand les hôtes de Morcerf y parvinrent.

Sur une charrette attelée d'un cheval percheron étaient placées une vingtaine de corbeilles d'un mètre carré, couvertes de toile et ayant à peine une hauteur de vingt-cinq centimètres. Dans ces paniers avaient été introduits avec soin tous les faisandeaux élevés par Berthet et que l'on devait lâcher dans les taillis du parc, à une demi-lieue de la maison du garde.

Sur l'ordre de MM. de Chérolles, le véhicule se

mit en marche, et tout le monde suivit le convoi, en devisant de choses et d'autres.

Lorsqu'on fut parvenu sur le bord d'un immense champ de sarrasin, bordé de toutes parts d'un fossé le long duquel croissaient des arbres épineux, Berthet arrêta la charrette et dit à son maître :

— C'est ici, monsieur. M'est avis que ces jeunesses y trouveront non-seulement des vieux coqs, pour leur donner de bons avis, mais encore la nourriture et le couvert. S'ils s'éloignent de cet asile, c'est qu'ils seront bien vagabonds.

— Parfait ! mon brave garçon. Je te fais mon compliment, ce champ est superbe et l'endroit très-favorable pour nos jeunes oiseaux. Déballons au plus tôt, avant que le soleil n'ait séché la rosée.

En effet, Landry et Berthet s'emparèrent des corbeilles, les portèrent toutes à l'entrée de la pièce de blé vert et, détachant doucement une ficelle placée dans des anneaux, tout autour des paniers, découvrirent la toile de façon à donner aux faisandeaux toute facilité pour s'en aller en liberté où bon leur semblerait.

A peine les oiseaux eurent-ils aperçu un orifice, qu'ils sautèrent les uns après les autres de leur prison d'osier.

Les uns se secouaient les ailes et, s'envolant avec nonchalance, allaient retomber au milieu du champ, les autres effarouchés se glissaient sous les vertes plantes et se rasaient aussitôt, comme pour mieux se reconnaître.

Il n'y eut que trois morts dans tout le convoi et quand les paniers eurent été rejetés sur la charrette, lorsque Landry et Berthet eurent répandu deux sacs de « grenaille » autour du champ, tout près des fourmilières que l'on avait élevées artificiellement le long des berges du fossé, ils se retirèrent pour laisser à tous ces intéressants élèves le temps de se reconnaître et de prendre possession de leur domaine.

Une heure durant toute cette nappe verdoyante, qu'on eut dit saupoudrée de neige, s'agita de ci, de là : elle ressemblait à une mer ridée par le vent.

C'était la gent empennée qui se promenait à convert, picorait, *s'espouillait* et se réjouissait d'avoir trouvé l'indépendance.

Combien de mois cette protection devait-elle durer ? Jusqu'au jour où, la chasse ouverte, le propriétaire aurait décrété le commencement de la guerre.

Ce spectacle de la nature prise sur le fait avait grandement intéressé Lucien et son cousin.

— Papa, dit le premier en s'adressant à M. Agénor, pourquoi ne mets-tu pas aussi en liberté les colins que tu fais élever dans la faisanderie ?

— Parce que, mon ami, ces oiseaux ne réussissent pas bien à l'état sauvage, en France du moins. Berthet pourrait te dire qu'il a donné l'an dernier « la clef des champs » à dix paires de colins et que nous ne les avons jamais revus sur la chasse de Morcerf. Mes voisins ne les ont point non plus aperçus ; ce qui nous fait supposer que les « cailles californiennes » ne savent pas se défendre contre les bêtes puantes, qu'elles ignorent peut-être l'art de trouver leur nourriture dans les champs, si bien qu'elles crèvent de faim.

— C'est bien curieux cela, fit Henri ; mais les cailles de France, qui sont de même nature, prospèrent pourtant bien quand on les lâche de la faisanderie dans le parc ?

Des cris stridents se firent entendre   (Page 56.)

— Parfaitement, mon ami, comme aussi les pintades qui sont très-faciles à entretenir et que nous comptons bien voir se multiplier à Morcerf.

Au moment où M. de Chérolles prononçait ces paroles, des cris stridents se firent entendre au milieu d'un buisson et un des gallinacés dont il venait d'être question se leva en faisant crépiter ses ailes et en poussant des hurlements de... pintade.

Si l'un des chasseurs avait eu un fusil, rien n'eût été plus facile que d'abattre cet oiseau.

M. Agénor se contenta de le viser avec la canne qu'il tenait à la main.

Pauvre *méléagre*, fit-il, tu ne mourras pas aujourd'hui.

— C'eût été dommage, répliqua Lucien ; je suis content que le hasard lui ait été propice.

Et l'on rentra au château pour l'heure du déjeuner.

CHAPITRE IV

UNE CHASSE AUX BLAIREAUX. — MINES ET CONTRE-MINES.
LA PRISE DE L'ANIMAL.

Tandis que nos jeunes amis se récréaient les yeux en compulsant les pages d'un volume d'histoire naturelle contenant des gravures pour y trouver l'image d'un blaireau, afin de savoir quelle était la forme de l'animal dont Landry leur avait parlé deux jours auparavant, un bruit de voix vint frapper leurs oreilles.

— Qu'est-ce que cela ? s'écrièrent à la fois Henri et Lucien. Ne dirait-on pas qu'on se dispute dans l'antichambre ?

— En effet, ajouta M. Agénor. Je vais aller voir...

M. de Chérolles se disposait à sortir, lorsqu'un valet de pied pénétra dans le salon de famille, et s'adressant à son maître lui dit :

— Le garde Landry insiste pour voir MM. de Chérolles réunis ; il affirme qu'il a quelque chose de très-important à dire à MM. de Chérolles.

— C'est bien ! qu'il entre.

Landry parut presque à l'instant sur le seuil du sanctuaire de Morcef.

— Fait' excuse et salut la compagnie, s'écria-t-il d'une voix saccadée, mais c'que j'avions à dire à mes maîtres n' souffriont pas d' retard. Y a deux coquins au lieu d'un.

— De qui veux-tu parler ? As-tu pincé Fou-raille, mon brave Landry ? demanda M. Agénor.

— Pas encore, monsieur, mais j'avions vu deux blaireaux par corps, il y a vingt minutes.

— Pas possible ! Dans le parc ? Où sont-ils ?

— Précisément ! dans la tanière de la mare que j'ai montrée avant-hier à ces jeunes messieurs.

— Deux blaireaux ! s'écrièrent les écoliers.

— Il faut s'en débarrasser au plus tôt, ajouta le frère de M. Agénor.

— Oui ! oui ! opinèrent Lucien et Henri.

— Mon brave Landry, nous serons demain matin au point du jour à la mare aux blaireaux. Tu vas aller dès ce soir prévenir deux terrassiers au village, tu diras au jardinier du château de venir avec nous, et ces hommes, à eux trois, pratiqueront la tranchée dans la tanière des blaireaux.

— J'vas tout' de même faire mes remarques, monsieur, pour que nous ne soyions pas bredouilles demain. Il nous faut les deux bêtes, mortes ou vivantes.

— J'y compte bien aussi, ajouta M. de Chérolles. Adieu et au revoir, mon brave Landry.

— Salut la compagnie et bonne nuit à mesdames, fit le garde en se retirant.

La présence des deux blaireaux dans le parc de Morcerf contrariait fort M. de Chérolles, car il songeait aux dégâts que ces bêtes puantes pou—

vaient commettre si elles échappaient au plan d'attaque projeté pour le lendemain.

Aussi ne fut-il question que de blaireaux pendant tout le reste de la soirée.

MM. de Chérolles expliquèrent à leurs enfants que les blaireaux, — les taissons, comme les nommaient les anciens, — sont la terreur des agriculteurs, dont ils attaquent les récoltes, mangent les raisins et les pommes, détruisent les rabouillères de lapins, les nichées de perdreaux et de faisans, et dévorent les levrauts quand ils les trouvent à leur portée.

— Voici ce que dit du blaireau Toussenel, l'un des meilleurs écrivains cynégétiques de France, ajouta M. Agénor qui ouvrit un livre très-intéressant, de cet auteur : l'*Esprit des bêtes*.

« Le blaireau, dit-il, est un pillard acharné de maïs et de raisin, qui se lève très-tard et se couche de grand matin, et qui engloutit en quelques heures, en raison de son omnivorance et de l'ampleur prodigieuse de ses intestins, une masse incroyable d'aliments.

« Les poches d'un voleur à la tire, pris en flagrant délit, et le portefeuille d'un agent de change qui rentre de la Bourse après avoir acheté des actions de toutes les couleurs, peuvent seuls donner une idée de la pause du blaireau au retour d'une expédition nocturne. »

— C'est fort drôle, s'écrièrent mesdames de Chérolles, qui prenaient grand intérêt à la conversation.

— Papa, fit Henri en s'adressant au frère du maître de Morcerf, tu n'as pas dit ton avis, toi.

— J'opine du bonnet, mon enfant. Le blaireau est non-seulement goulu, mais encore très-destructeur. Du reste, comme les animaux ne séjournent pas longtemps au même endroit, il faut se hâter. A demain matin donc et de très-bonne heure.

— C'est convenu, papa, — mon oncle ! s'écrièrent les deux enfants, et l'on alla se coucher au plus vite.

Tandis que la maison se livrait au repos, Landry, lui, avait fait les commissions de son maître, puis il était allé s'embusquer près du trou aux blaireaux dans l'intention de boucher les orifices avec de petits fagots recouverts de terre.

Le brave homme s'était blotti dans un if assez épais pour le cacher à tous les yeux, il demeurait immobile et comptait les heures, car il ne devait pas faire son travail avant minuit, lorsque tout à coup un bruit de pas, sur des branchages secs, lui fit prêter les deux oreilles.

Qu'aperçut-il au clair de lune ? les deux blaireaux qui allaient en maraude et semblaient se gausser de lui.

— Ah ! mille millions de cartouches ! murmura Landry, si MM. de Chérolles ne devaient point faire eux-mêmes la chasse, comme elle serait vite finie ! Jamais pareille occasion de faire coup double ne s'était offerte à un chasseur. C'est bien tentant, mais ça n'c'peut pas ! Tant pis ! tant pis !

Et fidèle à son devoir, Landry laissa passer les deux bêtes qui disparurent bientôt à ses yeux, se dirigeant vers le jardin potager où elles devaient

trouver une ample nourriture de fruits, de lé-
gumes et d'autres choses dont elles étaient naturellement friandes...

Sur-le-champ, Landry procéda au « bouchage »
des orifices. Il y en avait trois, dont deux très-
fréquentés. Le troisième aboutissait à deux mètres
de la mare, à portée des joncs et des glaïeuls qui en
tapissaient les bords.

Landry avait apporté sur son dos deux grandes
bourses, faites avec de la petite corde, qu'il tendit
l'une à l'orifice de la mare, et la seconde au trou
qui débouchait dans le fourré.

Quant à la troisième gueule, le garde la boucha
avec une énorme bourrée d'épines, qu'il tassa du
talon de ses souliers, et sur laquelle il étagea de la
mousse et de la terre.

— Amusez-vous, mes amours, fit-il ensuite en
s'éloignant pour regagner les communs du château où il résidait ; nous rirons plus que vous demain matin.

Une demi-heure après, le brave garde était couché dans son lit, car, outre la fatigue qu'il éprou-

vait après une journée très-laborieuse, ce n'était pas son tour de garde. Berthet s'était chargé de la promenade nocturne de trois à six heures du matin.

Nous précéderons nos chasseurs devant le trou aux blaireaux de la mare du parc.

Une demi-heure avant l'aube, les deux blaireaux, bien repus, bien « sadous », comme on dit en terme de chasse, revenaient à leur gîte souterrain, en trottinant sur leurs petites jambes.

Quel ne fut pas leur étonnement en apercevant leur demeure claquemurée ? Leur instinct particulier leur avait fait deviner le danger sans qu'ils en comprissent l'importance.

Que faire ?

Ils se dirent, sans doute, qu'il valait mieux se cacher dans quelque fourré plutôt que de donner tête basse dans les mailles du filet :

> Ce sac enfariné ne me dit rien qui vaille,

a dit la Fontaine, et le blaireau mâle pensait comme le fabuliste.

Nous précéderons nos chasseurs devant le trou aux blaireaux de la mare
du parc.   (Page 64).

Ce qui fut décidé fut fait, et quand MM. de Chérolles et les trois hommes qu'ils amenaient avec eux parvinrent devant les trous, Landry leur fit observer que les traces étaient fraîches sur le sable, mais qu'il n'y avait rien de dérangé sur place.

— En ce cas les deux coquins sont dans le voisinage, tel est mon avis, espaçons-nous, prenons de bonnes positions et lâchez les chiens.

Cinq minutes après les piaillements commencèrent. Les *toutous* avaient trouvé la piste et bientôt, par un son de trompe, Landry prévint ses maîtres que la chasse commençait.

— A vous, mon oncle, dit tout d'un coup Lucien, là-bas, derrière le buisson de houx.

— Je ne vois rien, tu t'es trompé.

— Non point, je distingue très-bien. Une grosse bête… Tirez donc ! Bon ! la voilà partie.

— Trop tard en effet, répliqua M. de Chérolles. Mais elle va passer à ton père : c'est un gros blaireau.

Pan ! pan !

Deux coups de feu rapides se firent entendre.

— Y est-il? s'écria Lucien.

— Hélas! non! je l'ai manqué, mais il va droit au terrier et s'il tombe dans les filets il sera indubitablement pris.

Ce qu'avait prévu M. de Chérolles arriva.

La bête, se sentant traquée, après avoir entendu deux coups de feu qui lui prouvaient que nul merci n'était à attendre, se lança, la tête en avant, dans une des deux bourses qui faisaient face aux broussailles, et s'y trouva immédiatement enveloppée.

Landry et l'un des terrassiers tenaient les ficelles qui devaient pocher les mailles et enserrer le blaireau.

Ce qui était prévu arriva : l'animal, après quelques minutes de débats inutiles, fut fourré avec le filet dans un énorme panier que l'on cadenassa afin qu'il ne pût point s'échapper.

MM. de Chérolles manifestèrent l'intention de donner à madame de Chérolles et à leurs amis un « hallali en vie » dans la cour du manoir.

c'est-à-dire de faire houspiller le blaireau par une meute de chiens, comme cela se pratique quelquefois.

Tandis que des ordres étaient donnés en conséquence, les chiens avaient repris la piste et on les entendit aboyer à pleins poumons dans la direction d'un petit ravin à peine éloigné de deux portées de fusil du terrier des blaireaux.

— Ils ont levé la seconde bête, s'écrièrent les chasseurs.

— Elle va passer indubitablement vers la cascade qui est au bout du lac, fit Landry. Allez vous poster sur sa route.

Ce conseil fut suivi et, quelques minutes après, il ne restait plus auprès du terrier que deux terrassiers qui bourraient tranquillement leurs pipes, en attendant qu'on eût besoin de leurs services.

Dix minutes s'étaient à peine écoulées que deux coups de feu se firent entendre, suivis d'une troisième détonation à un court intervalle.

— Notre besogne est finie, fit l'un des terrassiers à son camarade.

— Qui sait ? les patrons ont peut-être manqué la bête.

— Cela se pourrait bien. Vois ! que te disais-je !... Mordieu ! le blaireau vient à nous droit comme une balle. Empêchons-le de se terrer. Hou ! hou ! ah ! oh !

Malgré leurs vociférations, les deux hommes ne parvinrent pas à retenir le blaireau qui, à l'aide des sinuosités du terrain, grâce aux ronces et aux épines, parvint sain et sauf à une des gueules du terrier où l'on n'avait point placé de panneau et s'y engouffra, sans crier gare.

— Allons ! au travail, firent les deux ouvriers. Enfumons la bête. Mais à quoi bon ? elle ne sortirait pas. Il faut la déterrer et ouvrir la tranchée.

Ce fut aussi l'avis de M. Agénor de Chérolles, qui avait manqué le blaireau et n'avait pas été plus adroit que son frère, lequel lui reprocha en souriant sa maladresse.

— Tu l'avais belle, n'est-ce pas ?

— Comme toi tout à l'heure, répondit celui-ci.

Tandis que cette plaisanterie fraternelle s'échangeait entre les deux chasseurs, Landry avait bouché toutes les ouvertures à l'aide de fagots d'épines et de grosses pierres, et les terrassiers commençaient leur tranchée.

Le vieux garde avait apporté une grande fourchette de fer, destinée à « happer » la bête puante et, debout devant les ouvriers, il leur indiquait la route à poursuivre, se tenant prêt à tout événement.

Déjà la tranchée avançait à vue d'œil ; on avait traversé quatre couches de terre dont différentes nuances se dessinaient sur les arêtes à vif entamées par la pelle et la pioche ; mais à la dernière couche, après la terre végétale, au-dessous du tuf et d'un sable fin, se rencontra tout à coup un banc de pierres calcaires, et l'ardeur des ouvriers, qui se relayaient tour à tour, courait grand risque d'être ralentie, quand un coup vigoureux, appliqué par une main plus adroite et plus ferme, vint à propos triompher de cette difficulté passagère.

La voûte était défoncée : une odeur traîtresse s'échappa aussitôt en miasmes fétides, à travers cette excavation nouvelle et flatta... désagréablement l'odorat de nos chasseurs, dont elle confirma les espérances.

Landry se pencha sur l'orifice, il écouta, interrogea le soupirail entr'ouvert.

Hélas ! l'animal, à la veille d'être surpris, avait fui dans un autre *accul* du terrier.

Il n'y avait pas à balancer, on abandonna la tranchée qu'on venait d'ouvrir, on enleva quelques pieds de taillis et l'on tenta une nouvelle fouille.

Puis on se remit à la besogne avec zèle et la terre s'amoncela une seconde fois, tandis qu'à côté se creusait une vaste fosse qui allait être indubitablement la tombe du fugitif.

En se penchant, à un moment donné, à l'endroit où les terrassiers travaillaient, M. de Chérolles entendit à quelques centimètres de son oreille un bruit de grattement qui lui prouva que le travail touchait à sa fin.

Landry fut aussi de cet avis et on se remit à pio-
cher de plus belle ; tous les efforts convergeant
vers la fosse où le blaireau se trouvait.

Cinq minutes après, l'animal acculé au milieu
de ses retranchements, de tous côtés à ciel ouvert, n'était plus qu'à un mètre à peine des chiens,
faisant voler derrière lui le sable qu'il creusait
de ses ongles, comme le ferait le plus infatigable
mineur.

Landry, qui voulait avoir les honneurs de la
prise, descendit dans la tranchée et s'avança en
face du trou, dernier refuge de l'ennemi.

Il attendit prudemment que le blaireau se re-
tournât, — ce qu'il ne tarda point à faire, dans
l'espoir de se frayer une issue. — Empoignant
la bête par la queue, il la tira à lui de toutes ses
forces, quoique, les deux pattes écartées, elle
cherchât à se cramponner et offrît une très-vive
résistance.

Enfin le blaireau céda, le chasseur émérite l'enleva à bras tendus, de façon à l'écarter de ses
jambes et, sans l'aide de sa fourche de fer, tandis

qu'un des terrassiers lui soutenait le bras, il fit passer la tête du blaireau dans l'orifice d'un sac de toile où malgré ses efforts il fut enseveli « ridiculement », au grand ébahissement des deux enfants, et au grand plaisir de leurs pères et de tous ceux qui assistaient à cette prise, y compris Farfouillot et Farot dont les aboiements multipliés exprimaient une joie sans pareille.

Lorsque la troupe des chasseurs rentra au manoir de Morcerf, après trois heures d'absence, les dames châtelaines et quelques amies qui se trouvaient là en visite félicitèrent leurs maris et leurs hôtes de cette double prise.

C'était plus qu'on n'eût pu espérer, car d'ordinaire ces terrassements organisés pour déterrer un blaireau se prolongent des journées entières et même une partie de la nuit, suivant l'importance des gueules du terrier.

En cette occasion trois heures de chasse avaient suffi, c'était une victoire rapidement enlevée.

[illegible]

CHAPITRE V

LA CHASSE AUX PIÈGES — L'ART DE FROUER. —
LA PRISE D'UNE BUSE.

Les deux blaireaux retirés, l'un de sa corbeille
et l'autre de son sac, avaient été jetés dans un
caveau dont la maçonnerie ne leur permettait pas
de tenter le moindre essai de fuite. Leur « hous-
pillement » avait été décrété pour l'après-midi du
jour suivant, mais les dames de Chérolles, sans ap-
partenir à la Société protectrice des animaux,
plaidèrent la cause des prisonniers, et il fut décidé
qu'au lieu de procéder à une sorte de martyre
inutile, à une agonie lente et cruelle, on donnerait
ordre à Landry de leur loger une balle dans la
tête.

Ce qui avait été résolu fut exécuté le lendemain, à l'heure du déjeuner, et quand MM. de Chérolles sortirent de table, ils trouvèrent Landry occupé à écorcher, d'une main habile, le dernier des deux blaireaux dont les deux peaux furent envoyées au tanneur de Fontainebleau pour les naturaliser et en faire une descente de lit.

La journée très-pluvieuse empêcha nos jeunes écoliers de prendre leurs ébats dans le parc ; ils consacrèrent donc toutes les heures de cette longue après-midi à causer avec leurs parents et à lire quelques ouvrages instructifs.

A la tombée de la nuit, Jean, le cocher de M. Agénor, leur apporta dans une cage d'osier une superbe chouette qu'il avait prise dans le grenier au fourrage où elle était venue, sans doute, pour attraper des rats et des souris.

Le pauvre oiseau de Minerve écarquillait ses yeux glauques, faisant claquer son bec de peur et de rage d'être ainsi prisonnier.

MM. de Chérolles, à qui Lucien et Henri allèrent porter la prisonnière de Jean, furent d'avis qu'on pourrait expérimenter le lendemain matin, si le temps le permettait, une chasse aux piéges, dans les champs, au bord de la forêt de Villefermoy, où l'on trouvait des myriades de culs-blancs, de geais, de bouvreuils, de pies-grièches et autres oiseaux ennemis de la chouette.

— Nous devons avoir quelque part dans les communs, dit M. Agénor, une vingtaine de *brès* que nous avait expédiés, il y a trois ans, notre ami Picard de son village des Bouches-du-Rhône, où ces piéges sont très-employés par les oiseleurs du pays. Va, mon cher Lucien, dire à François de les aller chercher et de les apporter ici, afin que nous examinions à l'avance si ces engins sont en bon état.

Lucien et Henri, qui se joignit à son cousin, s'empressèrent d'aller eux-mêmes quérir le valet de pied, lequel se rendit à l'endroit où les ustensiles de pêche et de chasse étaient renfermés, et il ne lui fut pas difficile de retrouver les piéges provençaux appendus en faisceau à une poutrelle de l'appartement.

Ces piéges se composaient d'un long bâton de coudrier appointé d'un côté pour être enfoncé dans la terre, et surmonté, à sa partie supérieure, d'un fil de fer ressemblant fort à un point d'interrogation (?) formant ressort. La partie inférieure était adhérente au bâton, tandis que la pointe du fil de fer était fournie d'un double fil de soie très-solide, terminé par un anneau.

Lorsqu'on voulait tendre le piége, on ramenait, en le forçant, le fil de fer qui était légèrement retenu par un petit ressort entrant dans deux anneaux aussi adhérents à la hampe ; puis on étalait les deux bouts du fil sur un éventail tenu droit par une des extrémités du ressort. Cela fait, le piége préparé, dès que l'oiseau venait se poser sur l'éventail, son poids faisait détendre le fil de fer et il était pincé par les pattes, avant d'avoir pu prendre son vol.

Il y avait quelques-uns de ces piéges en mauvais état ; M. de Chérolles et son frère s'empressèrent de les raccommoder.

Ils eurent soin également de préparer le pai,

avec anneau de fer, sur lequel la chouette devait être placée pour attirer les oiseaux.

M. Agénor expliqua alors aux deux enfants que les becs-fins en général et toute la petite gent ailée en particulier professaient une grande antipathie pour la chouette, antipathie qui leur faisait jeter des cris multipliés à la vue de cet oiseau. Il suffit même qu'un seul oisillon crie, pour qu'il ait bientôt autour de lui tous ceux qui se trouvent dispersés dans les environs.

— Sait-on, mon père, dit Lucien, quelle est la cause de cette antipathie?

— Mon Dieu! non, si ce n'est que les oiseaux diurnes détestent leurs congénères nocturnes, et vous savez, mes enfants, que les chouettes, aussi bien que les hiboux, les chats-huants, les orfraies, etc., etc., ne se montrent qu'au moment où la nuit obscurcit la terre.

A l'encontre des autres oiseaux qui n'y voient plus dès que le soleil se couche, les *noctambules* ou plutôt les *noctanvolés* n'ont la vue perçante que dans les ténèbres.

— Et puis, ajouta M. de Chérolles de la Nièvre, il ne faut pas oublier que les chouettes sont très-friandes de la chair des petits oiseaux, et que ces gentils petits êtres ont bonne mémoire des dangers qu'ils ont courus et qu'ils devinent par instinct ceux qu'ils ont à courir.

— Demain, observa M. Agénor de Chérolles, nous chasserons aux piéges, mais il y a aussi un autre genre de sport fort amusant qui se pratique toujours avec la chouette ; seulement on se sert de petits bâtons englués que l'on pose sur les branches d'un arbre, dans des entailles préparées tout exprès. Le chasseur se cache dans une cabane vis-à-vis de l'arbre, et par une ouverture bien dissimulée dans le feuillage, il montre la chouette fixée sur un *sanglot*, autrement dit une palette qu'il fait remuer lorsqu'il veut attirer les oisillons.

— Je comprends fort bien, papa, fit Henri, mais comment les oiseaux se prennent-ils?

— Parbleu ! en se posant sur les *gluaux*, où leurs pattes et leurs ailes sont vite enduites de la matière gluante , si bien qu'ils n'ont ni le temps ni la possibilité de se dépêtrer. Dès qu'en se débattant ils ont fait tomber le bâton encoché sur lequel ils s'étaient posés, le chasseur les ramasse et les place dans une cage d'où il les sort pour les nettoyer avant de les introduire dans sa volière.

— Ah ! comment fait-on pour débarbouiller ces pauvres oiseaux ? demanda Lucien.

— On frotte leurs pattes et leurs plumes avec de l'huile d'olives, et bientôt toute la partie gluante se détache si bien qu'en peu de jours l'oiseau prisonnier peut se servir de ses ailes qu'il a, du reste, l'instinct de lisser lui-même.

— Voilà un genre de chasse que je voudrais bien faire, s'écrièrent à la fois les deux cousins.

— Si nous en avons le temps, mes amis, répliqua le maître de Morcerf, je vous donnerai ce plaisir-là.

— Mais la soirée est terminée, mes enfants, ajouta madame de Chérolles, et je pense qu'il est bon d'aller prendre du repos, d'autant plus que vous devez vous lever de très-bonne heure.

— En effet ! Voilà l'heure du « couvre-feu »,
répliquèrent les deux pères. Bonsoir, mes amis.
A demain matin.

La nuit fut pluvieuse et très-orageuse, mais
quand vint l'aube, le ciel se rasséréna, et au moment où MM. de Chérolles et leurs enfants sortirent du manoir, le soleil se montrait derrière les
murailles du parc.

— Nous aurons une matinée superbe, dit
M. Agénor à son frère.

Les deux pères et leurs enfants montèrent aussitôt dans un char à bancs où Landry prit place,
portant le panier dans lequel était la chouette, et
le faisceau de piéges liés ensemble avec précaution, pour que les fils et les ressorts ne fussent
pas emmêlés.

Trois quarts d'heure après le départ, le véhicule déposait les chasseurs sur la lisière des champs
qui bordent la forêt de Villefermoy.

La scène que nous allons raconter se passe dans
un pays appelé les Écrennes, entre Sauveteux et
Traveteau.

La scène que nous allons raconter se passe dans un pays appelé les Ecrennes.   (Page 82.)

M. de Chérolles possédait en cet endroit une ferme plantureuse où l'on cultivait du sarrasin, des graines oléagineuses et des betteraves destinées à faire du sucre.

Grâce à quelques ruisseaux et à de nombreuses mares, la fraîcheur, sinon l'humidité, était entretenue dans cette partie de la contrée, et les oiseaux, protégés par le garde de Sauveteux, pullulaient dans ces champs où ils trouvaient une nourriture abondante.

L'endroit où l'on devait *tendre* fut vite choisi. C'était non loin d'une mare desséchée, sur les bords de laquelle des bottes de joncs et d'arundes permirent à MM. de Chérolles et à leurs enfants d'improviser une cabane rustique, sous laquelle ils pouvaient se cacher, sans cependant être privés du spectacle qui allait se passer sous leurs yeux.

A vingt-cinq mètres de la cabane, Landry et MM. de Chérolles disposèrent en cercle une douzaine de *brès* qu'ils se hâtèrent de tendre comme nous l'avons indiqué.

Cela fait, on alla chercher la pauvre chouette

dans le fond de son panier. Landry, qui avait fixé un anneau autour d'une de ses pattes, à l'aide d'un morceau de cuir solidement cousu, hucha l'oiseau sur le pal qui avait été hardiment planté au milieu des douze piéges, puis on lia autour du pal une cordelette dont l'autre extrémité aboutissait jusque dans la cabane de la mare, et quand tous ces préparatifs furent terminés, il vint vite rejoindre ses maîtres impatients de voir commencer la chasse.

— Et maintenant, fit M. Agénor, nous allons *frouer*.

— Qu'est-ce que c'est que cela ? demandèrent les deux enfants.

— Vous allez voir, répliqua le maître de Morcerf en prenant dans sa poche une feuille de lierre qu'il troua dans le milieu, et qu'il roula autour de son index de façon à ce qu'elle représentât une sorte de cône.

Il saisit alors cette feuille ainsi trouée entre les trois premiers doigts de la main droite, en observant que la pointe de ce cône remplit l'intervalle que laissaient les extrémités des trois doigts unis entre eux, et il se mit à imiter les différents cris des pies, des geais, des merles, des grives, des pies-grièches et des motteux.

Ce concert strident ne tarda pas à amener sur les lieux une vingtaine d'oiseaux des espèces que nous venons de nommer, dont le ramage, ou plutôt les cris de détresse ou de courroux égayèrent fort les vieux et les jeunes chasseurs.

— Ça va bien! Ça va bien! faisaient-ils ensemble.

— Parbleu! la comédie va commencer, vous allez voir.

En effet, le nombre des oiseaux augmentait à chaque instant. On les voyait accourir de tous les buissons du voisinage ; ils sautaient par terre, se perchaient sur les chardons, lesquels s'inclinaient sous leur poids, et enfin, ne trouvant pas d'arbre assez proche de la chouette, qui faisait claquer son bec comme pour les défier au combat, ou ouvrait les ailes avec l'intention de fuir, ils allèrent se poser sur les piéges à détente.

En moins de temps qu'il n'en faut pour le décrire, sept captures eurent lieu simultanément.

MM. de Chérolles s'élancèrent hors de leurs cachettes pour s'emparer des oiseaux avant qu'ils n'eussent les pattes cassées par les efforts qu'ils faisaient dans le but de recouvrer leur liberté.

Les enfants tenaient une grande cage où on fourra prestement les sept prisonniers, deux geais, un pinson, trois motteux et une pie-grièche.

C'était bien pour commencer. Dès que les *brès* eurent été de nouveau tendus, on regagna l'abri de la mare.

Les jeunes écoliers ne se possédaient pas de joie. Cette chasse les amusait bien plus que celle qui l'avait précédée.

Il fallait un quart d'heure de « *frouage* » pour ramener les oiseaux effrayés par la vue inopinée des chasseurs qui étaient allés s'emparer des prisonniers.

Mais ces jolis êtres de la création sont malheureusement doués de peu de mémoire. Ils se rapprochèrent peu à peu, et ne voyant plus personne,

recommencèrent leurs piailleries et leurs évolutions autour de la pauvre chouette.

Celle-ci se défendait de son mieux contre les
coups de bec de ses ennemis, qui, afin de mieux la
contempler et comme pour prendre leur élan, s'en
allaient bêtement se jucher sur les piéges et se
faisaient pincer par les pattes.

En deux heures, la cage était pleine de toutes
sortes d'oiseaux. Il y en avaient quatre-vingt-trois.

Un grand nombre cependant avaient eu les pattes
cassées, et Landry, chargé d'une mission pénible,
mais nécessaire, leur avait donné le *coup de pouce*,
autrement dit les avait mis à mort. Ce petit
gibier était destiné à passer dans les mains habiles
du cuisinier de Morcerf pour être servi en salmis
au repas du soir.

Au moment où MM. de Chérolles songeaient à
mettre fin à cette chasse fort intéressante pour les
enfants, Landry leur désigna dans l'espace un gros
autres oiseau qui, attiré sans doute par les piailleries des autres oiseaux avait quitté le faîte élevé des
vieux chênes de Villefermoy, pour venir chercher

aventure au milieu des champs où se passaient les évolutions de toute la gent ailée du canton.

— Qu'est-ce que cela, Landry? demanda M. Agénor de Chérolles.

— M'est avis, monsieur le baron, que c'est une buse, sauf votre respect.

— Sarpejeu! Et nous n'avons pas de fusil?

— Mais viendra-t-elle jusqu'ici? demanda le frère de M. Agénor.

— Ça s' pourrait ben, fit le garde-chasse.

— Alors tant pis! Elle évitera la mort pour cette fois.

— Y s' pourrait qu' non, répondit Landry. Vous voyez bien l' poteau, là-bas, vers l' chemin de la forêt?

— Oui! Eh bien?

— Y a là un piége tendu au sommet, et la buse va aller tout dret s'y fair' pincer. Vous allez voir ça.

— Attendons alors.

— Surtout, mes bons messieurs, n' bougeons point; car ces gredins d'oiseaux ça est fin comm' des mouches.

Sur la recommandation de Landry, MM. de Chérolles se tapirent de leur mieux sous leur *ajoupa* de roseaux ; on eût dit qu'ils avaient perdu toute possibilité de se remuer.

La buse se balançait dans l'air, elle décrivait des évolutions de reconnaissance, sondant l'espace du regard, afin de découvrir le danger, s'il existait.

Tantôt elle remontait, et on eût dit qu'elle renonçait à descendre sur la terre ; tantôt, semblable à un aérolithe, on la voyait s'abattre pour se relever à cinq ou six mètres du sol.

Tout à coup, volant en diagonale, l'oiseau se dirigea, comme l'avait prévu Landry, vers le poteau à piége. Il en fit le tour, puis... crac ! le « tour » fut fait. Un bruit sec s'était fait entendre. Les deux branches du piége s'étaient relevées. L'oiseau pillard était pris, et bien pris, par les pattes.

— Victoire ! s'écrièrent les chasseurs. Elle est à nous !

Le poteau était semblable à un perchoir de perroquet. Landry, à l'aide de bâtons qui servaient d'échelle, put se hisser jusqu'au sommet, et, d'un coup de bâton, mettre fin à la lutte de l'oiseau de proie qui cherchait à fuir.

Lorsque le brave garde eut détendu les deux branches du piége, et jeté la buse sur le sol, MM. de Chérolles furent on ne peut pas plus satisfaits de tenir dans leurs mains et d'admirer le plumage d'une magnifique bête qui mesurait cinq pieds d'envergure, et dont le poids était de deux livres environ. On eût dit un jeune dindonneau.

L'oiseau fut envoyé à Paris, afin d'être empaillé et naturalisé. Il orne encore aujourd'hui le « hall » du château de Morcerf.

CHAPITRE VI

LA VOLIÈRE DE MORCERF. — LE RENARD ENFUMÉ, SA
TANIÈRE. — UN TRAQUENARD.

Mesdames de Chérolles avaient établi dans
un des angles de l'aile du sud de la façade du
château une superbe volière dans laquelle se
trouvaient ici des oiseaux exotiques, là des faisans
argentés et dorés, plus loin des perroquets ca-
catoès roses et blancs, des perruches vertes,
des aras aux couleurs chatoyantes ; enfin, le coin
le plus éloigné était destiné aux oiseaux de
pays.

Cette volière se trouvait, d'une face, exposée à
l'air extérieur, de l'autre, adossée à la serre du
château de telle façon que, d'un côté ou de

l'autre, rien n'était plus facile que de jouir de la vue des oiseaux.

Au moment où la chasse aux piéges avait été faite, il restait à peine dix oiseaux : quatre merles, deux bouvreuils, un bruant et trois chardonnerets, dans le compartiment indigène.

Le produit de l'expédition de Villefermoy suffit à remplir la cage. On se contenta seulement d'ajouter une séparation afin de placer les petits oiseaux loin des atteintes des gros.

A peine ces pauvres prisonniers furent-ils mis en possession de leur domaine limité, que les maîtres de Morcerf purent jouir d'un spectacle bien fait pour piquer leur curiosité.

Toute cette colonie nouvelle voltigeait de ci, de là, bien plus pour se rendre compte de l'étendue de leur demeure que pour chercher à sortir de leur geôle dorée.

On avait eu soin, avant de les introduire dans la volière, de renouveler les graines dans les boîtes, de répandre du mouron, du plantain, du seneçon et autres herbes préférées dans certains parages

Leur premier soin fut de chercher leur nourriture. — Page 95.

de cette enceinte grillée et de couvrir de sable fin
les allées qui bordaient le gazon du parc lilliputien
planté à l'intérieur.

Un ruisseau minuscule coulait au centre de la
volière et servait à la fois d'abreuvoir et de bai-
gnoire à tous les oiseaux.

Afin de jouir du spectacle de la nature prise sur
le fait, MM. et mesdames de Morcerf tirèrent de
grands rideaux qui se trouvaient du côté de la serre,
au milieu desquels des trous pratiqués dans la toile
permettaient de voir sans être vu.

Tout d'abord les oiseaux ne crurent pas à leur
solitude, mais peu à peu n'apercevant rien qui pût
les intimider, ils reprirent leur sécurité ordinaire.

Leur premier soin fut de chercher leur nourriture, ce qui ne leur fut pas difficile, tant elle avait
été multipliée par les soins des maîtres de Morcerf. Leur repas fut complet : graines sèches,
graines fraîches, de l'eau pure pour boisson ; ils
s'en donnèrent à cœur joie.

Cela fait, tous procédèrent à leur toilette. Ce fut
d'abord le bain, et l'on pouvait voir toute cette gent

ailée se précipitant dans le ruisseau, y plongeant la tête, pour laisser filer l'eau sur les ailes et les épaules.

Après le bain, les oiseaux allèrent se percher sur les arbustes plantés à l'intérieur de leur cage et les bâtons placés sur des perchoirs fichés dans le sol. Là ils secouèrent leurs ailes, se lissèrent les plumes avec leur bec tant et si bien que bientôt leur jolie robe ressembla à un tissu de velours et de soie.

Cette opération terminée les gentils volatiles se mirent encore à voltiger, puis, las de tant d'évolutions, ils se branchèrent de nouveau et plaçant leur tête sous leur aile, s'empressèrent de dormir pour se reposer.

Le spectacle était terminé et MM. de Morcerf allèrent se promener avec leurs femmes et leurs enfants jusqu'à la lisière d'un petit bois qui bordait la plaine en dehors du parc, non loin d'une ferme appartenant à M. Agénor.

Le fermier de la Sauvagère (c'est ainsi que l'on nommait la métairie dans le pays) n'était point au labour ni aux autres travaux des champs. La femme apprit à MM. de Morcerf... et à la compagnie que Joseph Launay enfumait dans le terrier du fond Bréau un renard, lequel coquin à quatre pattes avait trouvé le moyen de pénétrer dans la basse-cour et d'étrangler -- le misérable — vingt-trois poules et six canards.

Les victimes de cet assassin des bois se trouvaient entassées dans la cuisine et la brave femme se désolait de cette perte fort grave pour sa bourse et détruisant toutes ses espérances de ponte, de couvaison et d'éducation future.

— Mais comment cela s'est-il passé? demanda l'aîné des deux frères.

— Ah! not' maître, j'en savons rien. C'est p't'être ben que Manon la gardeuse d' dindons aura laissé la porte entre-bâillée et qu' l'coquin fieffé sé s'ra introduit dans l'dedans, au coup de minuit, quand tout l'monde dormait. Les chiens ont ben fait un peu d'sabbat, mais comme çà leur arriv' souvent, nous n'y avons point prêté de l'attention. Si ben que ce matin en allant donner à picorer à

nos poules, nous avons trouvé tout' les bêtes cre-
vées, sauf un beau coq que l'renard avait emporté
pour son déjeuner. Ah ! pour l'coup, mon brave
Joseph est entré dans un'colère bleue, il est allé
chercher le voisin de la Jaunière avec ses deux
chiens courants, on les a mis sur la piste du renard ; ils l'ont fait l'ver et la puant'bête s'est terrée
dans le fond Bréau.

— Où votre mari est en train de l'enfumer?

— Précisément ! not'maitre.

— Allons le rejoindre, fit M. de Chérolles à son
frère Agénor ; et si ma belle-sœur et ma femme
ne sont pas trop fatiguées, elles feront bien de nous
accompagner, nous leur montrerons un spectacle
amusant.

Cette proposition fut immédiatement acceptée,
seulement on dépêcha au château un garçon de
ferme pour qu'il donnât l'ordre d'atteler le char à
bancs qui viendrait prendre la compagnie au fond
Bréau pour rentrer au château, quand la prise du
renard serait faite. Dans la crainte que la partie de
chasse se prolongeât au delà de l'heure du déjeu-

ner M. de Chérolles écrivit un mot au chef de cuisine pour qu'il envoyât par la même occasion le déjeuner dans des paniers, de façon à pouvoir prendre ce repas sur l'herbe.

Dès que le garçon de ferme fut parti, les dames, les deux pères et leurs enfants prirent le chemin du fond Bréau.

Tout en cheminant, M. Agénor raconta à ses compagnons de route ce qu'ils devaient savoir des mœurs et des ruses du plus grand dévastateur des bois giboyeux.

— Maître renard, disait-il, est moins glouton que gourmet. Il lui faut les morceaux les plus délicats pour satisfaire son appétit blasé : il a besoin, pour être heureux, d'un plat recherché qu'il ira digérer dans un *dolce far niente*, à l'abri d'un buisson touffu, loin des bruits du monde... chasseur. A l'exemple des cénobites du moyen âge, notre héros en finesses choisies se plaît dans un terrier creusé au bord d'un bois, dans un tronc d'arbre même, mais toujours cette demeure souterraine est sise dans un lieu en pente, afin de ne point être

Cette demeure souterraine est sise dans un lieu en pente. (Page 103.)

exposée aux envahissements de l'eau, voire même à l'humidité, comme cela existe au fond Bréau.

— En effet, fit observer le frère de M. Agénor, la place est bonne et je suis étonné que Landry ne nous ait pas avertis qu'il y avait un renard à demeure dans le terrier.

— C'est probablement parce qu'il n'y a pas pris garde.

— N'importe ! puisque maître Fox a été assez sot pour se terrer, je ne donnerais pas cinq sols de sa vie, je ne dis pas de sa peau, car elle ne vaut pas grand'chose en cette saison.

Tout en causant de la sorte, les promeneurs s'avançaient dans le bois, en suivant un sentier qui raccourcissait du côté du fond Bréau.

Parvenu au milieu de ce sentier, M. Agénor de Chérolles, qui marchait en avant, s'arrêta tout à coup, et regardant autour de lui, aperçut un tas de plumes derrière une cépée.

— Tenez, dit-il, voici un des derniers *attablements* de maître renard, ou de son frère, si ce maudit pillard n'est pas seul dans le bois. Ces ani-

maux sont les ennemis les plus redoutables d'une
propriété bien pourvue de gibier, faisans, cailles,

Une course au clocher sans pareille.   (Page 101.)

perdrix, lièvres et lapins. Aussi n'est-il jamais
épargné par le plomb des chasseurs et des gardes
des propriétés. Il n'y a qu'en Angleterre que la

chasse au renard soit considérée comme un sport.

— Comment cela, mon père ? fit Lucien.

— C'est que nos voisins d'outre-Manche sont de très-grands amateurs de chevaux et qu'ils aiment fort à poursuivre un renard qui, par ses ruses, ses contre-voies, leur permet de se livrer à une course au clocher sans pareille. Nous autres chasseurs et veneurs français nous aimons l'art utile qui rapporte à la fois un plaisir et une affaire, c'est pour cela qu'à part la chasse au cerf, qui encore est une poursuite noble, nous faisons faire des rabats, où nous nous livrons à la chasse aux chiens courants, afin de tuer l'animal de meute avant qu'il n'ait la chair échauffée et immangeable.

Les dames et les enfants prenaient grand plaisir à écouter M. de Morcerf. D'ailleurs ces discours abrégeaient pour ainsi dire la course.

C'est ainsi qu'on parvint au sommet du fond Bréau.

A l'appel de M. Agénor, le fermier Joseph Launay répondit, et d'ailleurs il eût été difficile de ne pas deviner l'endroit où il se trouvait. Une épaisse colonne de fumée s'élevait d'un certain endroit, entre les roches granitiques où le renard avait creusé sa tanière et était sottement allé se cacher, poursuivi par les chiens courants.

Il y était entré ; il allait y mourir.

En parvenant sur le terrier MM. et mesdames de Morcerf aperçurent devant eux Launay et deux garçons de ferme à genoux devant une très-grande ouverture, au centre de laquelle ils avaient entassé une grande quantité de fougères et d'herbes desséchées auxquelles ils avaient mis le feu, et dont ils repoussaient la fumée dans le boyau au fond duquel le renard avait cherché un refuge illusoire.

La fumée épaisse pénétrait fort bien dans cette ouverture et elle avait trouvé son courant d'air, car elle prenait issue à deux endroits différents que les aides du fermier, sur son ordre, s'empressèrent d'aller boucher avec de la terre et des pierres.

— Eh bien ! père Launay, où en êtes-vous ? fit M. Agénor.

— Sauf vot' respect, monsieur le comte, nous l' tenons, c' bandit d'égorgeur de poules. Déjà deux fois il a montré son satané museau, mais il a eu peur en m'voyant et il s'est rentourné dans sa cabane. Ah! l' coquin' y' n' périra qu' d' ma main.

— Ou de la mienne s'il fait deux pas au dehors, ajouta le frère de M. de Chérolles qui avait son fusil en bandoulière et qui se hâta de l'armer. Mesdames, mes enfants, mettez-vous là, derrière moi, vous pourrez bien voir et vous jugerez des coups, en admettant que je ne tue pas maître renard au déboulé, comme un lapin.

Tandis que M. de Chérolles se campait sur une roche, à quatre mètres du grand orifice de la tanière, Launay et ses camarades redoublaient d'efforts pour enfumer le quadrupède pillard. De temps à autre ils prêtaient l'oreille aux bruits souterrains qui se faisaient entendre, car le renard cherchait évidemment une autre issue par un boyau latéral qui n'était pas encore terminé.

— Sortira-t-il? se demandèrent tous les assistants. A la fin cependant, au moment où l'on croyait l'animal asphyxié, on put voir son museau s'allonger presque au niveau de la braise qui garnissait les lèvres du trou de la roche.

En moins de temps qu'il n'en faut pour l'écrire, Launay levait une énorme trique qu'il tenait de la main droite et le bâton noueux retombait lourdement sur la tête de l'animal, qui ne donna plus signe de vie.

MM. de Chérolles, avec toutes les précautions possibles, — car la bête eût pu n'être qu'étourdie, — passèrent une corde autour du cou du renard, qui fut étranglé sans pitié ni merci.

Dans sa colère, Joseph Launay alla même jusqu'à trépigner sur le cadavre de son ennemi. On eût dit qu'il se souvenait de cette terrible parole : Le corps d'un ennemi sent toujours bon.

Tel n'était pas le cas du renard; il puait au suprême degré, et son pelage était loin d'être poli et lissé comme ceux de ses congénères.

— Mais c'est une femelle, mon brave Launay ! s'écria le maître de Morcerf. Regardez donc : elle allaite et doit avoir sa « portée » dans une des galeries du terrier. Diable ! nous aurons fait une belle prise, à la condition de vous emparer de la « nichée » et de tuer le « papa ». Car il doit y avoir un père, et il reviendra au terrier dès que nous serons partis.

— J' l' croirais ben, monsieur le comte, mais comment faire ?

— Je pense avoir trouvé le joint. Envoyez un de vos hommes chercher Landry et dites-lui qu'il apporte les deux piéges à renard qui sont dans sa maison. Nous allons déjeuner sur l'herbe et le garçon montera dans le char à bancs afin de ramener plus vite Landry et les piéges dont nous avons besoin.

Sur l'ordre de M. de Morcerf le cocher et le valet de pied sortirent le panier aux provisions et tandis que le premier des serviteurs s'en allait de toute la vitesse de ses chevaux avec le garçon de service à la recherche du garde et de ses engins, le valet mettait le couvert sur une roche plate où les viandes froides, les vins et le dessert furent prestement étalés. Rien ne manquait!, si ce n'étaient les chaises, et le gazon était trop vert pour ne pas y suppléer.

Ce repas champêtre fut excessivement gai, et le fermier, sur l'invitation de son maître, prit part à cette agape à laquelle fut également convié le second valet de ferme.

Tout en mangeant, les hommes veillaient de l'œil aux ouvertures qui avaient été débouchées. Mais si la fumée qui restait dans le terrier s'était dissipée, par contre les renardeaux n'étaient nullement sortis.

On achevait le dessert, lorsque le vieux Landry arriva. Promptement mis au courant de la position, il examina la place et disposa un grand piége de fer dans un endroit qui lui parut favorable. Il tira ensuite de son sac un hareng frit qu'il avait empaqueté dans un linge blanc et le plaça au centre du traquenard sur la détente du ressort.

Cela fait, il posa à côté du piége le cadavre de la femelle adossée à la roche de telle façon que le mâle ne pût venir la flairer qu'en mettant les pattes dans le traquenard.

— Si l'vieux n'est pas pincé, dit-il, je veux ben l'être à sa place. Quant aux renardeaux, je m'en charge : D' mêm' que la faim fait sortir le loup du bois, de mêm' les jeunes assassins sortiront quand ils auront l' ventr' creux. A d' main matin la visite. En route, vous autres, fit—il à Launay et à ses deux hommes. Mesdames, messieurs, si vous l' voulez bien, nous pouvons partir, y a besoin d' calme ici.

Tout le monde s'éloigna.

Seul Landry pria qu'on l'excusât, car il voulait faire une tournée dans le bois et se rendre compte *de visu* des traces et des *laissées* du renard mâle qu'il comptait bien retrouver pincé le lendemain matin, au traquenard qu'il avait tendu.

CHAPITRE VII

Tandis que Landry faisait le bois, les deux familles de M. Morcerf étaient remontées dans le
char à bancs. M. Agénor donna l'ordre au cocher
de le conduire au château de la Navonnière, habité
par de charmants voisins qui étaient arrivés, dès la
veille, dans leur propriété, au retour d'un voyage
en Hongrie et en Autriche, où les relations poli-
tiques de M. le comte Charles, chef de la maison,
l'appelaient chaque année.

La route que suivait la voiture de M. Morcerf
était des plus pittoresques, à travers les méandres

du bois Bréau, quelquefois entre deux palissades de roches de grès, pareilles à celles que l'on rencontre dans la forêt de Fontainebleau.

Bien souvent, un cri poussé par l'un des deux enfants, suivi d'un geste rapide, désignait le passage, la « vue » d'un cerf qui traversait le gaulis, effrayé par le bruit des chevaux, ou d'un chevreuil suivi de sa chèvre qui franchissait le fossé d'un routin. Au moment où les promeneurs allaient quitter la voûte feuillue qui les avait abrités pendant près de trois quarts d'heure, le cocher se retourna du côté de ses maîtres et murmura à voix basse :

— Monsieur le comte, voilà Fouraille.

— Qui est cela ? répliqua celui-ci qui ne se rappelait plus le nom de l'homme dont nous avons parlé dans notre premier chapitre.

— Le braconnier, monsieur le comte.

— Bien ! j'y suis. Ah ! c'est là ce voleur des bois ! Ce malandrin en blouse bleue rapiécée, à la barbe inculte, au nez de fouine, aux yeux à peine ouverts.

— Lui-même, monsieur le comte.

La vue d'un cerf qui traversait le gaulis.	(Page 112.)

Tandis que cette conversation, à mi-voix, avait lieu entre le maître de Morcerf et son domestique,

la voiture avançait toujours, et bientôt elle eut
rejoint le braconnier dont Landry avait tant à se
plaindre. Au moment où les chevaux se trouvèrent
devant la tête du larron de nuit, M. de Morcef or-
donna à son cocher d'arrêter.

Cet ordre fut prestement exécuté.

— C'est vous qu'on nomme Fouraille ? fit M. de
Morcerf en s'adressant au braconnier.

— Moi-même, pour vot' service, m'sieu,
mais j' vous connaissions point. Qu' m' voulez-
vous ?

— Vous savez fort bien qui je suis. J'ai à vous
donner un bon avis. Mon garde vous a surpris,
à diverses reprises, venant braconner dans mon
parc.

— Pardon ! faites excuse ! Jésus, mon Dieu !
faut y qu' vot' gard' dise pareille menterie sur
l' compte d'un brave et honnête père d' famille.

— Pas de simagrées, maître Fouraille ! Je sais
ce que je sais ; j'en sais même plus long que je ne
veux en dire. Il n'eût tenu qu'à moi d'adresser une

plainte au parquet de Melun et de vous accuser de vol dans une propriété close de murs ; je ne l'ai pas fait, par égard pour vos enfants.

— Les pauv' chéris, insinua Fouraille d'un air patelin. Des innocents ! quoi !

— L'occasion fait que je vous rencontre, que je vous vois face à face, et je vous engage à bien m'écouter et à apprécier mes paroles. Renoncez à votre malheureuse passion, ou je vous prédis que vous finirez mal. Landry vous attrapera un jour ou une nuit ; il vous happera au collet et peut-être serez-vous tenté, pour vous débarrasser de son témoignage, de casser la tête de ce bon serviteur d'un coup de fusil. Je vous sais violent et très-capable d'un mauvais coup. Ah ! si vous commettiez un pareil crime, je vous ferais condamner impitoyablement à mort par le jury de Melun.

— Mais pourquoi donc qu' vous m' dites tout ça, m'sieu ? j' suis point fautif et ne l' serai jamais. Moi, assassiner c'bon m'sieu Landry ! Oh ! qu' Dieu m'en préserve !

— En effet ! que Dieu vous garde d'en arriver là. Croyez-moi, cessez de venir à Morcerf et ailleurs, et..... rappelez-vous bien tout ce que je vous ai dit. Jean, ajoute M. de Morcerf à son cocher, continuez votre chemin. Adieu, monsieur Fouraille,

Ce dernier, sans répondre à M. Agénor, restait immobile sur le chemin : on eût dit qu'il avait perdu l'usage de la pensée. Cependant il revint à lui-même, et, relevant la tête, il regarda la voiture qui allait disparaître au tournant de la route, puis aussitôt, étendant son poing dans cette direction, il proféra un horrible jurement et sauta le fossé pour entrer sous bois.

Le malheureux était réellement incorrigible.

Les voyageurs du char à bancs avaient gardé le silence ; la vue de cet homme au visage patibulaire avait désagréablement impressionné les dames et les enfants.

Ce fut le frère de M. Agénor qui reprit le premier la parole :

— Tu as prêché dans le désert, fit-il, et tu t'es

fait un mortel ennemi de ce coquin de Fouraille.

— Taut pis pour lui s'il ne s'amende pas, répondit le maître de Morcerf.

— Si monsieur le comte, dit au même instant
Jean en s'adressant au père de Lucien, veut regar-
der là, sur le bord de la route, voilà la femme et
les deux enfants de Fouraille, qui ramassent du
crottin de cheval et demandent l'aumône.

— Les malheureux ! s'écrièrent les enfants et
leur mère, ils sont couverts de haillons et on lit
sur leur visage les traces d'une grande misère.

— Je parierais que le mari boit tout l'argent que
lui rapporte la vente du gibier qu'il a volé, au lieu
de l'employer à nourrir sa famille.

— C'est la vérité, monsieur le comte, fit Jean
qui connaissait les on-dit du village.

Au moment où le char à bancs passa devant les
trois êtres infortunés signalés à la pitié de messieurs
et mesdames de Morcerf, Henri, qui avait recueilli
une petite somme des mains de son père, de sa
mère, de son oncle, de sa tante et de son cousin,

joignit une pièce blanche à la masse, et, roulant
toute cette monnaie dans un morceau de journal,
la jeta à la mère, en lui disant :

— Ma pauvre femme, de la part des Morcerf,
tâchez de ramener au bien votre mari.

Quelques instants après cette rencontre, le char
à bancs pénétrait dans le parc de la Navonnière
et s'arrêtait devant la porte du château, sur les
marches duquel les propriétaires accouraient, l'air
joyeux et les propos les plus affables sur les lèvres.

— Vous nous avez prévenus ! s'écrièrent
M. Charles et madame Alice de la Navonnière ;
nous comptions aller ce soir vous surprendre à
Morcerf.

Pendant que les deux enfants du château, Jules,
le fils aîné, et Amélie, sa sœur, donnaient de cor-
diales poignées de main à leurs jeunes amis, mesdames de Chérolles et madame de la Navonnière
s'embrassaient et se souhaitaient la bienvenue.
Leurs maris se témoignaient également leur
plaisir mutuel de se revoir, après six mois de séparation.

Comme ses voisins de Morcerf, M. Charles de la Navonnière adorait la chasse ; outre une grande forêt et des plaines immenses en bordure, il possédait, — ce qui n'existait pas sur les terres de M. de Chérolles, — un lac d'une étendue de vingt hectares, asile éternel de tout une colonie d'oiseaux de marécage. Au milieu même de l'été, on pouvait y chasser des canards sauvages et des foulques, qui nichaient dans les roseaux et peuplaient les canaux de la nappe limpide.

Il va sans dire que l'on parla, entre autres choses, de la chasse, plaisir favori de tous ceux qui se trouvaient réunis dans le salon de la Navonnière.

Madame Alice et sa fille Amélie, belle personne de dix-huit ans, se plaisaient fort à faire elles-mêmes parler la poudre, et quoique cette passion paraisse fort excentrique à bon nombre de nos lecteurs, nous dirons qu'elle n'en est pas moins très-acceptée dans le meilleur monde. J'ajouterai, en passant, qu'outre la santé régénérée par l'exercice et le grand air, la chasse a cela de bon qu'elle ne laisse pas seules au salon les dames réunies dans un château, tandis que leurs maris, leurs frères ou leurs enfants vont courir la plaine et les bois.

— Que diriez-vous, chères amies, demanda tout à coup madame Alice à mesdames de Ché-rolles, d'une promenade en bateau et de quelques coups de fusil décrochés à notre gibier d'eau?

— Quoique je ne sois pas comme vous une Diane chasseresse, répliqua madame Agénor de Morcerf à son amie, j'aurais grand plaisir à admirer votre adresse et celle de votre charmante Amélie.

— Mais, objecta M. Charles de la Navonnière, cette petite chasse ne peut avoir lieu avant demain matin, et nous allons vous garder à dîner et à coucher.

Messieurs et mesdames de Morcerf firent bien quelques objections au sujet de cette invitation à brûle-pourpoint, non pas qu'ils missent la moindre façon à accepter, mais il s'agissait des toilettes indispensables, d'objets de première nécessité, restés à Morcerf.

Toutes les difficultés furent bientôt levées. Jean, muni d'instructions pour François, le valet de pied de M. Agénor, et pour la femme de chambre de mesdames de Chérolles, partit, après avoir fait reposer ses chevaux, afin d'aller transmettre des ordres et revenir à la Navonnière dans le plus bref délai.

L'après-midi se passa de la façon la plus agréable au château et dans le parc. M. Charles fit visiter, à ses hôtes, sa ferme modèle, ses écuries et sa faisanderie. Tout était dans le meilleur ordre. Ces excellents amis, qui s'aimaient et s'estimaient, se donnèrent mutuellement d'excellents conseils.

Tout en se promenant avec ses hôtes, M. Charles de la Navonnière avait distribué ses ordres pour la fête nautique du lendemain. Les fermiers devaient fournir leurs valets, et l'on fit prévenir dans le village voisin une dizaine de braves garçons pour qu'ils se rendissent, dès l'aube, à la grande martelière du lac de la Savonnerie, pour une chasse qui devait avoir lieu le lendemain matin.

— Voulez-vous, mesdames, demanda vers la fin de la promenade M. Charles à ses hôtes, que je vous montre ma canardière ?

— Oh ! très-volontiers, répondit en chœur toute la compagnie.

La voiture, dans laquelle se promenaient tous les amis réunis, se dirigea alors vers l'extrémité nord de la nappe d'eau et s'arrêta devant un pont rustique qui servait de communication, à travers le marécage, avec une levée hérissée de charmilles dont les branches les plus élevées se rejoignaient presque avec une autre plantation du même genre, faite sur une seconde levée identique à celle où les Morcerf et les Navonnière étaient parvenus.

Entre les deux levées coulait une sorte de rivière, dont le chenal affectait la forme d'une corne d'abondance. Cette rivière, alimentée par une source d'eau vive, qui se gelait rarement, même par la température la plus abaissée, était recouverte, pendant la saison d'hiver, d'un immense filet en forme de verveux géant, dont l'orifice s'ouvrait sur le lac et dont la queue se terminait en pointe, à peine large d'un mètre, à la naissance de la rivière.

M. de la Navonnière expliqua à ses hôtes que ses gardes apprivoisaient des « appelants », à qui l'on avait arraché un certain nombre de plumes d'une aile pour les empêcher de s'envoler, et auxquels on donnait à manger principalement de la graine de chanvre, répandue sur de petites planches flottantes.

Quand l'automne arrivait, l'éducation des « appelants » était terminée, leurs plumes avaient repoussé. Ils étaient prêts à voler dehors et s'entremêlaient avec les oiseaux sauvages qui passaient aux environs du lac ; dans leurs migrations vers les pays chauds, ils ramenaient ceux-ci sur la plaine liquide, leur séjour ordinaire, et les conduisaient vers la rivière recourbée où la gent sauvage se faufilait, par curiosité, attirée par la manœuvre d'un chien *choupille* à poil rouge, ressemblant fort à un renard.

— Les canards, ajouta M. de la Navonnière,

sont d'une nature très-curieuse, et c'est sur cette curiosité que l'homme comptait pour les faire tomber dans le piége. Vous voyez, mesdames, que ces charmilles sont disposées comme les coulisses d'un théâtre. Le chien, dressé par le garde de la canardière, guide l'animal sans se laisser voir, si bien que le quadrupède familier se montre ici, disparaît ensuite pour se faire voir plus loin, et qu'enfin les oiseaux nageant, volant, finissent par atteindre l'endroit le plus étroit du canal, et sont recouverts par une nasse tombant comme la toile d'un théâtre et empêchant dès lors toute fuite. L'hiver dernier nous avons pris plus de huit cents canards, depuis le milieu d'octobre jusqu'à la fin de décembre.

Les enfants de M. de Morcerf écoutaient ce récit de M. Charles de la Navonnière avec la plus grande attention ; ils furent, aussi bien que leurs parents, vivement intéressés à la vue d'une centaine de canards apprivoisés, — quoique nés de parents sauvages, — pilets, milouins, morillons, ridennes, souchets, tadornes et vingeons, lesquels barbotaient au milieu d'un grand carré d'eau, encerclé de verdure et entouré d'une barrière assez haute, pour que le garde pût facilement y montrer la moitié de sa personne, afin que les oiseaux s'accoutumassent à la vue de l'homme.

— Je regrette fort, s'écria M. Agénor, de ne pas avoir un lac à Morcerf, j'aurais fait faire immédiatement une canardière sur le modèle de la vôtre.

— Puisque vous n'avez pas ce plaisir-là chez vous, mon cher comte, répliqua M. de la Navonnière, rappelez-vous que vous et les vôtres êtes invités, tant qu'il vous plaira, à venir ici prendre votre part de plaisir de la chasse aux canards.

M. Charles de la Navonnière montra ensuite à ses amis le hangar dans lequel étaient abrités les filets goudronnés, dont les mailles étaient assez étroites pour maintenir prisonniers tous les oiseaux d'eau, y compris les râles et les plongeons. Ces filets pliés soigneusement par carrés étaient souvent remués et exposés à l'air, pendant toute la saison d'été, afin que le fil ne se pourrît point.

D'ailleurs, M. de la Navonnière avait un garde chef de la plus grande capacité ; il l'avait fait venir exprès de Québec—Duyn, proche le Helder et le Texel en Hollande, l'endroit du monde où sont élevées les plus belles et les plus fructueuses canardières, dont un certain Guillaume Ockers fut l'inventeur.

Le premier appel de la cloche du château, pour l'heure du dîner, ramena la famille Morcerf et les maîtres de la Navonnière au château.

Jean était revenu de son excursion à Morcerf, rapportant les robes des dames, les habits des messieurs, ainsi que les fusils et les munitions de chasse de MM. de Chérolles.

Tout cela était déjà disposé dans les chambres destinées aux hôtes de la Navonnière par les soins des valets de chambre et des cameristes du manoir, si bien que la toilette du soir de tout le monde ne fut pas longue à être endossée.

Le deuxième appel de la cloche appela les convives autour d'une table simplement, mais artistement servie, sur laquelle le « chef » de la Navonnière étala successivement des plats succulents et habilement cuisinés.

La soirée s'écoula trop rapide entre les grands parents et les jeunes gens qui se retirèrent vers dix heures, afin de goûter un repos nécessaire et être prêts le lendemain vers cinq heures du matin, — heure très-matinale pour les dames surtout, — afin d'assister à la volée aux macreuses, foulques, judelles et canards du grand lac.

CHAPITRE VIII

Tous les hôtes de M. Charles de la Navonnière
passèrent une excellente nuit dans leur appartement respectif, sauf Lucien et Henri, qui se
croyaient déjà — en rêve — acteurs de la chasse
promise.

On avait placé les deux cousins dans la même
chambre, et ils purent ainsi se communiquer leurs
impressions, pendant deux ou trois heures à dater
du moment où ils s'étaient retirés dans leur somp-
tueux dortoir.

Quand, à six heures du matin, le domestique
affecté à leur service se présenta devant leur lit, il

les trouva profondément endormis. La réalité l'avait enfin emporté sur les illusions du songe.

— Messieurs, fit-il, il est temps de vous lever. Mesdames et messieurs de Chérolles sont prévenus. Il faut qu'à sept heures tous les chasseurs soient réunis au rendez-vous de chasse du grand Lac. La volée aux oiseaux doit commencer à sept heures et demie.

— Nous y serons ! répliquèrent les deux jeunes gens, qui sautèrent à bas du lit et se hâtèrent de vêtir leurs habits de fatigue et de fortes chaussures de promenade, à l'épreuve de l'eau.

Le déjeuner matinal était servi quand ils descendirent, et ils ne tardèrent pas à voir arriver leurs parents et les maîtres de la Navonnière. Ce premier repas fut court : on monta rapidement dans le char à bancs et dans la calèche, et une demi-heure suffit pour amener tous les amis sur la berge du grand Lac, un des plus vastes de Seine-et-Oise.

Le plus grand silence avait été recommandé non-seulement aux chasseurs, mais encore aux rabatteurs échelonnés sur le talus-culée, devant lequel les eaux avaient la plus grande profondeur. C'était en cet endroit, à l'aide de la martelière, lorsqu'on voulait nettoyer le lit de cette grande nappe liquide, que s'échappaient dans des fossés creusés en bas-fonds les eaux inutiles bientôt renouvelées par la fonte des neiges et la chute de la pluie.

Six batelets légers et fort solides étaient amarrés au rivage. Dans le plus grand, on fit monter les dames, dont une seule, madame Alice de la Navonnière, portait un fusil et un sac rempli de cartouches, car elle comptait bien prendre sa part du plaisir de la chasse. Mesdames de Chérolles et Amélie, la fille de la Diane chasseresse du manoir, prirent place à l'arrière du bateau.

M. Agénor de Chérolles s'embarqua avec Jules de la Navonnière, le père de celui-ci avec Lucien, et enfin M. de Chérolles de la Nièvre prit son neveu avec lui.

Dans les deux autres embarcations, les gardes

amoncelèrent les provisions de bouche, les épui-
settes pour ramasser le gibier mort, et enfin deux
excellents choupilles qui rapportaient comme....
des chiens bien dressés et se jetaient à l'eau au
moindre signe de leur maître.

Au milieu du brouillard matinal, on apercevait
sur le lac grisâtre un énorme point noir qui semblait onduler sur l'eau. De ce point noir s'échappaient à divers intervalles des kouan kouan répétés,
ou bien des sifflements bizarres.

Une sorte d'inquiétude semblait régner parmi
la gent empennée, dont les sentinelles placées
aux avant-postes avaient signalé sinon un danger,
du moins la présence d'ennemis inconnus.

J'ajouterai en passant que pour tout oiseau pal-
mipède, la vue, sur les berges de l'étang sur lequel
il s'est reposé, d'un être humain produit un effroi
indicible. Se cachera-t-il dans les roseaux? s'en-
volera-t-il? Il ne sait quel parti prendre. Ce que je
puis affirmer, c'est qu'il ne prend son essor que
quand il y est forcé.

Cette émotion se produisit surtout au moment

où, le brouillard se dissipant un peu, les canards aperçurent devant eux les chasseurs dont la flottille s'avançait en bon ordre.

Au fur et à mesure que les embarcations glissaient sur l'eau, sans produire le moindre bruit, guidées par d'habiles rameurs, les oiseaux reculaient. Ils agirent si bien de la sorte qu'au moment où les chasseurs allaient être à même de lâcher leur première bordée, il leur fut impossible de plus rien apercevoir.

Comme au beau moment d'une féerie, le *point noir* avait disparu et l'explication en était fort simple : le rideau verdoyant des arondes du grand Lac avait servi de refuge à toute la gent empennée, qui se croyait hors de danger et se cachait derrière toutes ces touffes d'herbes.

C'était ce moment-là que devaient choisir les rabatteurs pour entrer en scène.

Sur un signal — un coup de trompe de chasse donné par le garde chef de la Navonnière — la troupe des gens à gages s'ébranla. Les uns entraient dans le marécage qui bordait la pointe du lac, et à coups de bâton, à force de cris, chassaient le gibier de son refuge.

Tout à coup, un feu d'artifice vivant s'élança devant les chasseurs. Les canards, les sarcelles,

Tout à coup un feu d'artifice vivant,...... les bécassines.   (Page 134).

les judelles, les bécassines, les poules d'eau, tous les hôtes sauvages du grand Lac, prenaient leur volée.

Une décharge simultanée eut lieu à l'instant

même des quatre bateaux sur lesquels les chasseurs étaient montés.

Madame Alice de la Navonnière se distinguait
par son adresse, au grand ébahissement de ses

compagnes, qui ne s'étaient jamais trouvées à pareille fête.

— Bravo! chère amie, s'écrient les deux dames
de Chérolles en voyant choir un canard, tomber
une judelle, ou pirouetter une poule d'eau.

— Bien tiré, maman! faisait la gentille Amélie.

— A toi, papa.

— A toi, mon oncle ! disait-on dans les autres embarcations. Et le gibier s'amoncelait dans le fond des barques, sur les planches, sur l'avant. On avait à peine le temps de recharger les armes que

A l'un des chiens *choupilles*.   (Page 137).

l'occasion de faire feu s'était offerte à chaque tireur.

Cette bataille ou plutôt cette petite guerre dura environ trois quarts d'heure.

Parmi les oiseaux occis par les chasseurs, il y avait un superbe héron — au long bec, emmanché d'un long cou — qui faillit crever les yeux à l'un des chiens choupilles, envoyé dans le marécage pour le rapporter.

L'oiseau n'était que démonté, il se tenait sur une patte, et de l'autre il cherchait à attraper le bon quadrupède afin de mieux lui porter un coup de bec.

Un rabatteur mit fin à ce duel entre bêtes et d'un coup de bâton assomma l'*ardea cinerea*, dont le plumage parsemé sur la poitrine de lames noires sur un fond gris de perle et la huppe élégante firent l'admiration de Julien et d'Henri de Chérolles.

— Que pensez-vous de ce sport? demanda M. de la Navonnière à mesdames de Chérolles au moment où sa barque frôlait le bateau où étaient montées les amies de sa femme.

— Mais il est fort amusant, répondirent-elles. Est-ce déjà fini ?

— Pas encore. Les rabatteurs vont aller se poster du côté d'où nous sommes partis, et quand ils seront parvenus à leur place, nous irons à eux.

Je vous ferai observer que le plus grand nombre des oiseaux qui ont survécu à la première rencontre a cru trouver un refuge vers le point opposé. Vous avez dû remarquer qu'ils ont passé par-dessus vos têtes et sont allés retomber sur l'eau. D'autres, plus prudents, ont pris leur grand parti et ont quitté mon lac pour trouver un bassin plus hospitalier; mais demain ces pauvres fugitifs seront revenus, ne fût-ce que par curiosité, afin de savoir à quoi s'en tenir sur les événements imprévus de la bataille que nous leur livrons; les pères et les mères y retourneront d'ailleurs pour y retrouver leurs petits.

Tout en causant de la sorte, les embarcations filaient doucement et ne s'arrêtèrent qu'au moment où le garde chef prévint ses maîtres qu'il fallait attendre le signal donné par le guide des rabatteurs.

Ce signal se fit un peu attendre, car la distance à parcourir autour du périmètre du lac était assez grande. Enfin un appel de corne retentit bruyamment au loin; cela voulait dire : Partez !

Et l'on se mit en route.

Cette fois-là, il fut plus difficile d'atteindre les oiseaux, qui se tenaient sur leur garde. D'autre part, ils n'avaient plus pour s'abriter des joncs et des arondes. La profondeur des eaux du lac, à cette partie de la culée, ne permettait pas à la végétation aquatique de prendre racine et de pousser au-dessus du niveau de l'élément. Sur les rives de droite et de gauche se trouvaient seulement deux canniers touffus où les plus harassés, les moins hardis de la bande ailée s'empressaient de cher—cher un refuge.

Quant à ceux qui par la force de leurs ailes, la valeur ou l'audace, crurent devoir affronter de nouveau les dangers de la fusillade, ils reprirent leur vol au moment où les embarcations se trouvaient à cinquante mètres de leur position.

Ce fut à cet instant-là que les rabatteurs se montrèrent inopinément sur la muraille qui formait la culée ; leur vue suffit pour faire rebrousser chemin à tous les palmipèdes qui, par ce revirement, furent forcés de passer de nouveau au-dessus des bateaux à bord desquels se tenaient les tireurs.

Madame Alice de la Navonnière fit encore des prouesses. Son mari et madame de Chérolles ne manquèrent point d'adresse et de justesse de coup d'œil, si bien que le nombre des victimes fut considérablement augmenté.

Dans le nombre des oiseaux qui tombèrent atteints par le plomb meurtrier des Lefaucheux, on compta quelques oiseaux rares, entre autres une cigogne noire au ventre blanc, aux autres plumes du dos et des ailes à reflets violets, verts et pourprés, et dont le bec rouge contrastait avec le reste ; — un harle huppé dont la tête noire à reflets verts était surmontée d'une aigrette élégante. Il y avait enfin un magnifique cormoran dont le vêtement noir vert à reflets de bronze, la gorge nue, furent fort admirés par tous les hôtes de la Navonnière.

Quand cette seconde battue eut été achevée, les dames mirent pied à terre et se rendirent à la cabane du garde chef, placée au milieu de la culée, entourée de pins et fort proprement entretenue.

Du haut de cette falaise artificielle on pouvait facilement suivre toutes les péripéties de la chasse de MM. de Chérolles et de M. Charles de la Navonnière, qui, aidés par les rabatteurs qui se tenaient sur la rive et barbotaient dans le marais, longeaient les canniers et les plants de joncs qui croissaient sur les deux rives du lac.

Ce fut alors que les choupilles du garde commencèrent leur travail. Ces deux bons chiens « buissonnaient » à travers les arondes et les limes verdoyantes sans laisser une place non visitée.

Dans cette promenade-chasse le long des rives, les chasseurs eurent l'occasion de tirer de nombreuses bécassines et poules d'eau, et également des judelles qui avaient, dès le commencement de la bataille, plongé et sournoisement cherché un abri au milieu des herbages aquatiques.

A onze heures, cette belle partie de plaisir fut terminée. On emporta les pièces abattues : il y avait, alignées sur le gazon, devant la cabane où les dames avaient attendu en devisant la fin de la bataille cynégétique, cent soixante-deux pièces de gibier, dans le total desquelles madame Alice de la Navonnière réclamait trente-sept oiseaux.

C'était sa fille qui, au fur et à mesure des coups tirés par sa mère, avait pris des notes et réclamait les honneurs pour celle qu'elle aimait tendrement.

Les deux jeunes de Chérolles, sans rien dire à leurs parents, allèrent chercher deux jolies branches de chêne à l'aide desquelles ils fabriquèrent rapidement une couronne, et, revenant à pas de loup, posèrent cette couronne honorifique sur la tête de la charmante maîtresse de la Navonnière.

Il va sans dire que la mère d'Amélie les récompensa l'un et l'autre par un baiser maternel.

— Je ne sais, mesdames et messieurs, fit tout à coup M. de la Navonnière, si vous êtes aussi affamés que je le suis, mais mon avis serait qu'il faudrait nous hâter du côté du déjeuner. Qui m'aime me suive !

Offrant le bras à madame Agénor de Chérolles, M. de la Navonnière la fit monter dans le char à bancs, où chacun prit place, puis les enfants s'élancèrent dans l'autre véhicule, et l'on reprit la route qui ramenait au château.

Au moment où les voitures allaient franchir la grille du parc, un jeune homme de taille élancée, la tête recouverte d'un chapeau de paille, dont il salua les suzerains de la Navonnière, montra du doigt à M. Charles un panier d'osier qu'il avait déposé à ses pieds.

— Ah! voici le pêcheur de grenouilles! apprit ce dernier à ses hôtes. Aimez-vous ces batraciens, mesdames? ajouta-t-il en s'adressant à la ronde.

— Je n'en ai jamais mangé, répondit madame Agénor de Chérolles.

— Dans ce cas, vous y goûterez ce matin. Mon chef les accommode de la façon la plus habile, soit à la poulette, soit en friture. Vous verrez: c'est exquis. Le plus long est de les écorcher, mais on s'y mettra plusieurs. Combien de douzaines as-tu à me vendre? ajouta M. de la Navonnière en s'adressant au pêcheur.

— Onze douzaines, monsieur le comte.

— C'est bien ! donne ton panier au cocher ;
tu viendras le chercher au château, où l'on te
payera.

Le jeune garçon s'empressa de faire ce qu'on
lui disait et les voitures s'éloignèrent aussitôt.

— J' n'ai pas osé parler à M. l' comte, se disait
à part lui le pêcheur de grenouilles, en suivant des
yeux les voyageurs emportés par toute la vitesse
des chevaux : grand lâche qu' j' suis ! et ma pauv'
grand'mère qui attend du pain et de l'argent. Ah !
j' vais courir et j' prierai M. François, le chef cuisinier, de m' faire parler à son maître. Il l' faut !
ça s' fera !

Le jeune pêcheur se mit alors à courir : on l'eût
pris pour un fou ou pour un criminel.

Hélas ! il n'était, heureusement, ni l'un, ni
l'autre. Joseph Lorrier, tel était le nom de ce garçon, était orphelin de père et de mère. Les pauvres gens, — des laboureurs, fermiers honnêtes et
laborieux, — avaient été emportés, deux ans avant
l'époque où se passe notre récit, par la fièvre ty-
phoïde qui avait fait de grands ravages en Seine-

et-Marne. Au moment de la mort de ses parents, Joseph était absent du village : un de ses oncles, à Paris, l'avait pris en apprentissage. Mais quand le brave et vaillant cœur sut que sa pauvre grand'mère était demeurée seule et refusait de quitter la maison qui l'avait vue naître, où elle avait perdu ses enfants, il revint au village résolu à travailler pour soutenir la vieille femme. Ce généreux enfant ignorait encore les difficultés de la vie ; il ne put suffire aux exigences de la position. Quand les frais d'enterrement, d'héritage, eurent été prélevés sur le prix de la ferme, qui dut être vendue, il ne resta plus à la grand'mère et à son petit-fils que quelques écus et une maisonnette. On fit des dettes chez le boucher, chez le boulanger, et enfin l'huissier montra son papier timbré ; il fallait payer ou être vendu.

C'est en vain que le jeune garçon avait travaillé pour apaiser ce farouche officier ministériel : la vente des grenouilles — qu'il attrapait en quantité — les commissions dont il s'acquittait à merveille, tout cela n'avait point suffi aux besoins du simple et modeste ménage ; on avait reçu la veille une signification de vente.

Le cas était urgent : il fallait cent cinquante francs, capital, frais et intérêts, et Joseph ne possédait pas cinq livres dans la poche... de sa grand'mère.

Il s'était donc juré qu'il aurait recours à la charité de M. de la Navonnière, dont la réputation de bon cœur et de générosité était répandue dans tout le pays.

C'est pour cela qu'ayant appris par les gens du village que la chasse sur le lac devait avoir lieu, il était allé à la pêche et était revenu se poster sur le passage du châtelain et de ses invités.

Joseph arriva au château et se présenta à la cuisine, au moment où le maître d'hôtel venait apprendre au chef que ses deux plats de grenouilles avaient été fort appréciés des convives.

Le brave garçon raconta aux gens de M. de la Navonnière l'histoire lamentable qui précède.

Le valet de chambre la répéta à M. le comte, quand celui-ci se leva de table, et quelques instants après tous les hôtes du manoir l'apprenaient à leur tour.

Chacun voulut contribuer à tirer d'embarras le pêcheur de grenouilles et sa pauvre grand'mère ; si bien qu'avec la somme entière que M. de la Navonnière donna de sa poche pour payer l'huissier intégralement, les additions de MM. de Chérolles et de leur famille formèrent un très-joli pécule pour Joseph Lorrier.

Nous laissons à penser si la pauvre vieille eut assez de prières à adresser au ciel pour remercier ses bienfaiteurs.

Cette agréable partie de plaisir sur le lac de la Navonnière avait été terminée par un acte de charité.

CHAPITRE IX

CHASSE A LA BÉCASSE. — L'OISEAU A LA LOUPE. — LA MARE
AUX OEUVÉES.

Trois jours après la visite aux aimables voisins
de la Navonnière, — pendant lesquels la famille de
Chérolles avait pris du repos, — le vieux Landry
se présenta un soir devant son maître et, le sourire
aux lèvres, lui dit ces simples paroles :

— M'sieur le comte, les bécasses sont arrivées !

— Ah ! voilà en effet une bonne nouvelle, répliqua M. de Chérolles. Combien en as-tu vu déjà,
Landry ?

— Deux, m'sieur le comte : l'une au fond
Bréau, l'autre au coin nord du parc, près de la
mare aux hérons.

— En effet, ces deux endroits sont les plus favorables aux migrations de ces excellents oiseaux. Vous saurez, mes chers enfants, ajouta M. de Chérolles, que les bécasses sont solitaires. Hors au printemps, quand quelques-uns de ces oiseaux nichent dans nos contrées, ce qui est rare, on ne trouve pas une bécasse dans le voisinage immédiat d'un de ses congénères. Lorsque les bécasses se rencontrent c'est pour entreprendre une longue route. J'ai eu l'occasion d'observer un jour un passage ; sur vingt oiseaux de cette espèce deux ou trois seulement paraissaient aller de concert, les autres se succédaient à quelques minutes de distance.

— C'est bien c' la, fit Landry, et quand on les rencontre en grand nombre, c'est qu' probablement une bourrasq' les a forcées de fair' halte au même endroit.

— L'arrivée des bécasses ne me surprend pas, ajouta M. de Chérolles, il a gelé blanc depuis trois jours et cette température est favorable aux migrations de ces oiseaux. Il doit y avoir des bécasses

aux Cinq-Phalanges, à la Vacherie et derrière la
Saulée. Je ne serais pas étonné d'en rencontrer
dans le potager. Nous les chercherons demain dans
les taillis couverts dont le sol est garni de feuilles
mortes, et vers les bruyères en dehors du parc,
où ces épicuriennes ne dédaignent pas de venir se
poser pour faire la sieste après leur *verotage*.

— Y n'en faut pas r'montrer à not' maîtr', fit
Landry; y n'en sait plus que nous tous.

— Voyons! mon ami, tu disposeras tout pour
aller demain matin à la recherche des bécasses. Il
faut qu'avant le déjeuner nous ayons à nous trois,
mon frère, toi et moi, mis au sac notre douzaine
de ces succulentes touristes.

— J'n'y voyons pas d'inconvénient! répliqua
le garde chef en signe de consentement.

— Nous serons levés demain à l'aube et en
chasse au lever du soleil. C'est convenu.

— Oui! m'sieur le comte. C'est dit. A demain.

Et Landry, saluant la compagnie, se retira à l'office où il fut reçu par toute la domesticité du château avec tous les égards dus à un vieux serviteur

qui jouissait de l'estime et de la confiance de ses maîtres.

Après son départ M. Agénor raconta aux enfants quelques détails curieux sur les mœurs des bécasses.

— Ce gibier, dès que vient le jour, dort bien plus qu'il ne se promène, et il arrive souvent qu'un excellent chien de chasse force mal la bécasse. Quand un chasseur arrive près de l'endroit où elle est blottie, il est fort probable que depuis longtemps elle n'a pas *piété* dans les alentours, et le chien ne trouve aucune trace des voies, nul sentiment qui frappe son nerf olfactif et le guide vers les broussailles, les herbes, les ronces où l'oiseau est caché. On a donc besoin d'un chien de haut nez, entreprenant, buissonnier, qui n'oublie aucun abri.

— Mais, papa, interrompit Lucien, m'est avis que Néro possède toutes ces qualités.

— En effet, mon cher fils, Néro sera notre puissant auxiliaire pour demain. Landry amènera aussi Chloë, sa chienne favorite, et à eux deux, ces animaux bien dressés nous aideront à faire une belle brochette.

— Vous verrez, mes enfants, observa le frère de M. Agénor, que ce n'est pas chose facile que le tir d'une bécasse. Au départ, quand elle se lève de terre, l'oiseau a le vol lourd, mais d'une brusquerie qui déroute souvent les novices déjà émus par le crépitement des ailes. A mon avis c'est le moment pour un vrai chasseur aguerri d'épauler et de lâcher prestement la détente de son Lefaucheux.

— Moi, répliqua M. de Chérolles, je la laisse filer à quelques pas, surtout quand la bécasse part dans une clairière, car après la promptitude de son lever, cette jolie voyageuse décrit des évolutions si rapides qu'on la prendrait pour une bécassine. A vrai dire cela ne dure qu'une seconde ou deux, car elle file ensuite droit, en rasant la cime des arbres.

— Tu connais comme moi, mon cher ami, riposta M. Agénor, que la bécasse manquée ne se repose plus qu'à une fort grande distance.

— Aussi je crois qu'il est bon de bien remarquer sa remise, car si on a la chance de la retrouver,
elle ne se laissera plus approcher avec autant de
bonhomie qu'à la première rencontre.

— Il faut surtout être preste, à cette seconde
découverte, observa M. Agénor; c'est alors qu'il
faut rapidement jeter son coup de fusil.

— Et ce n'est pas tout de bien atteindre la bête,
dit le père d'Henri. Elle est tombée ; c'est bien !
mais il faut la retrouver. Un grand nombre de
chiens ne rapportent pas la bécasse. J'en ai vu qui
se roulaient sur elle comme sur une taupe pourrie
ou sur une couleuvre en putréfaction. Il faut dresser,
dès sa plus tendre enfance, un chien à *engueuler*
une bécasse comme il le fait d'un perdreau ou
d'une caille.

— Néro et Chloé sont des modèles à cet égard.
Landry les a dressés en habile chasseur en les forçant à rapporter des poules d'eau et des pies.

— Mais, mon père, demanda à M. Agénor le
cousin de Henri, d'où viennent les bécasses ?

— Des pays du Nord, de la Suède, de la Norvége. de la Russie. On en trouve un très-grand nombre le long des *fiords* de ces contrées lointaines.

— D'où leur vient cette qualification peu polie qui leur sert de nom? ajouta Lucien.

— Ma foi! voilà une question fort embarrassante, fit M. Agénor. Bécasse vient de long bec, bec prolongé. Mais quand on appelle bécasse une personne peu douée d'esprit et n'ayant pas un nez allongé, je crois que c'est à tort. Car, à mes yeux, rien n'a moins l'air idiot qu'une jolie bécasse. Cet appendice buccal même n'est nullement laid et j'avoue que cet oiseau est, à mon goût, un des plus élégants de la création. Je ne dirai rien de son plumage, lequel est d'une variété de tons bistrés, nuancés avec un art divin. A demain, ou comme dirait un romancier, au prochain numéro la suite, fit en terminant M. de Chérolles. Voici dix heures, il est temps d'aller se coucher, afin de se lever de bonne heure.

. . . .

Le jour commençait à peine à poindre à l'ho-

rizon, que MM. de Chérolles et leurs deux enfants,
tout prêts et tout armés en chasse, parurent sur le
perron du château, l'estomac lesté d'un bon premier déjeuner. Landry les attendait tenant en laisse
Néro et Chloé.

Néro. (Page 156).

L'avis de M. Agénor fut de commencer la chasse
par le potager. Il y avait les trois sources d'eau
vive que jamais l'hiver n'avait congelées, prés
desquelles il était bon de faire une tournée.

— Tiens bien tes chiens, Landry, fit M. Agénor. Tu ne les lâcheras que quand je te le dirai.

On s'avança avec précaution vers la première
source : MM. de Chérolles firent minutieusement

le tour du marécage tapissé de cresson, qui alimentait la table du château ; ils ne firent point lever la moindre bécasse.

On passa alors à la seconde prise d'eau : il y avait là une sorte de mare sourdissante et bouillonnante, qu'un conduit souterrain insondable faisait ressembler à un cratère de volcan en éruption.

Cette eau souterraine alimentait la rivière qui serpentait dans le parc de Morcerf et allait se perdre dans le petit étang près duquel s'est passée la prise des blaireaux que nous avons déjà racontée.

Tout autour de cette mare se dressaient des saules et de grandes arondes en touffes serrées, entretenant l'humidité si favorable au *vermillage* des bécasses. Le fourré paludéen était assez compacte, il fallait employer des chiens. Landry se hâta de les découpler, Néro et Chloé s'empressèrent de travailler de leur mieux.

Quelques minutes après, Néro, se plantant sur trois pattes, souleva en courbe gracieuse la quatrième qui était la droite du train de devant.

Chloé qui chassait de concert, se plantait au même instant derrière son camarade et leurs deux têtes convergeaient dans la même direction.

— Attention, murmura M. Agénor en s'adressant à son frère.

A peine ces trois syllabes avaient-elles été prononcées qu'un bruit crépitant d'ailes se faisait entendre et qu'une superbe bécasse s'enlevait rapidement du milieu d'une touffe de plantains et de sagittaires.

— A toi, s'écria M. Agénor en parlant à son frère, quoiqu'il eût épaulé prestement son Lefaucheux et touché la détente.

La détonation de son arme se confondit avec celle de M. de Chérolles de la Nièvre. L'oiseau pirouettait sur lui-même et tombait lourdement à terre.

Landry le fit rapporter à Néro, qui le happa doucement dans sa gueule rose et vint se camper devant M. Agénor avec un sentiment de dignité et un sérieux fort comique.

La première bécasse de la saison était énorme, bien repue, bien dodue, recouverte d'une bonne

couche de graisse. Après l'avoir contemplée et
fait admirer à leurs enfants, MM. de Chérolles la
confièrent à Landry qui la roula délicatement dans
quelques grandes feuilles de vigne sauvage et
d'aristologe et la déposa dans le filet de sa carnassière.

— Bien commencé, fit alors M. Agénor, allons-
nous à la troisième source?

A peine les chasseurs avaient-ils atteint l'endroit
désigné que les deux chiens commençaient à ram-
per et à se tenir sur leurs gardes ; puis, prestement
ils tombaient en arrêt, l'un au pied d'un saule,
l'autre à dix mètres plus loin, devant une touffe de
joncs.

Deux bécasses s'envolaient, bientôt, à quelques
secondes d'intervalle, la première tombait lourdement au milieu d'un champ d'artichauts, tandis
que la seconde, blessée, mais ayant encore la force
de fuir, faisait un effort suprême, montant en flèche
au-dessus d'un bouquet de bouleaux, puis aux yeux
de tous ceux qui la suivaient en l'air, allait choir
dans un taillis.

Il était important de retrouver ce beau gibier. On se hâta de franchir les barrières du potager, de sauter un fossé et d'arriver à l'endroit supposé être le bon.

Néro et Chloé trouvaient bien la piste, mais elle s'arrêtait au pied d'un chêne et ils ne la retrouvaient pas de l'autre côté.

A force de chercher, Landry aperçut un trou entre deux racines. Il y fourra la main, puis le bras, afin d'atteindre le fond et il saisit l'oiseau démonté qui avait piété et, trouvant devant lui cette ouverture béante, s'y était précipité, persuadé dans sa pauvre cervelle qu'on ne viendrait pas le chercher là.

— La v'là, fit-il, m'sieur le comte : c'est tout de mêm' drôle, et faut être ben' bécass' pour s'fourrer ainsi l'nez dans n'un trou à vipère. Heureus'ment qu'il n'y a point d'ces vermines-là dans l'parc.

Les deux cousins s'étaient emparés de la pauvre voyageuse, et comme elle n'avait de cassé que le fond de l'aile, ils agitaient déjà la question de placer

la prisonnière dans une cage pour qu'elle s'y gué-
rit et qu'on pût l'élever à l'apprivoisement.

— Faut pas penser à ça, messieurs, leur objecta
Landry ; la bestiol' crèverait et ne servirait à personne. Vaut ben mieux la faire rôtir avec les deux
autres.

Tel fut aussi l'avis des deux pères qui firent un
signe à Landry, d'après lequel celui-ci donna à la
bécasse un habile coup de pouce et elle alla rejoindre ses deux sœurs dans la gibecière du garde.

Tout en suivant le cours du ruisseau, M. Agénor
eut encore la bonne chance de faire lever une bécasse qu'il manqua de son premier coup de feu,
mais qu'il abattit prestement du second.

Ce quatrième oiseau présentait une particularité
assez bizarre : c'était, sur un des côtés de la tête,
une sorte de loupe graisseuse qui lui cachait en
partie l'œil droit et s'étendait du bout du bec au
sommet du crâne.

Tous les chasseurs furent d'avis que la bécasse
avait été blessée dans une chasse de l'année pré-
cédente, que sa blessure s'était guérie, mais qu'il

y avait eu un épanchement de sérosité, lequel s'était changé en graisse crayeuse dans une poche factice.

L'oiseau n'en était pas moins gras, dodu et parfait à manger.

Les chasseurs firent inutilement le tour de la pièce d'eau. Néro et Chloé faisaient lever de temps à autre quelque lapin, un faisan, mais de bécasse point.

A vrai dire les bords de la pièce d'eau, endragués et couverts de gazon, offraient peu d'abri aux émigrants de l'hiver et il n'y avait de marécage que près de la Martelière. Encore ce palud était-il trop découvert, trop imbibé d'eau froide pour que les bécasses pussent y vermiller d'une façon productive.

Toute cette promenade cynégétique avait pris beaucoup de temps eu égard aux grands détours qu'on avait fait pour battre les endroits favorables...

On se disposait à rentrer pour l'heure du déjeuner, lorsqu'une idée vint à Landry.

— M'est avis, fit-il à MM. de Chérolles, que

vous f' riez bien de chercher près d'la vieille mare
aux Œuvées. C'est un bon coin que c'lui-là.

— Tu as peut-être raison, répliqua le maître de
Morcerf ; je me souviens que l'an dernier et l'année d'avant, j'ai toujours tué une bécasse dans cet
endroit-là, allons-y voir.

La mare aux Œuvées était une sorte de roche
grisâtre, fendillée, percée de trous vermiculés,
entre les interstices desquels poussaient d'épais
herbages et particulièrement des glaïeuls sauvages
et des pourpiers. Les eaux des pluies se conser-
vaient dans cet endroit et entretenaient une fraîcheur au milieu de laquelle les vers et les insectes
se plaisaient. Il y avait donc là un séjour aimé des
bécasses, à la saison du passage.

M. Agénor de Chérolles ne s'était pas trompé.
Il y trouva une bécasse... que son frère abattit avec
une adresse de *balistique* digne d'éloge, au moment
où elle commençait à opérer ses crochets tradi-
tionnels.

Cinq bécasses dans une matinée, au milieu d'un
parc de trois cents hectares, c'était une fort belle

chasse, et quand MM. de Chérolles et leurs enfants exhibèrent les beaux oiseaux aux yeux des châtelaines, ils reçurent des compliments qu'au fond ils méritaient réellement ; car enfin ni l'un ni l'autre n'avaient laissé échapper une seule des émigrantes des pays hyperboréens.

Cette chasse aux bécasses dura pendant quelques jours encore, toujours dans les mêmes parages. Le temps était propice au passage des oiseaux voyageurs, et à la fin de la semaine qui précédait celle de Noël, il y avait dix-sept pièces appendues au croc du garde-manger de Morcerf.

Ce qui réjouissait fort le chef, dont les rêves culinaires enfantaient déjà des rôtis cuits à point et des salmis aux truffes inspirés par Brillat-Savarin et Villemot, son successeur dans l'art de bien manger.

CHAPITRE X

Tout en parcourant les méandres du parc de Morcerf, MM. de Chérolles s'étaient souvent aperçus de la présence sur les grands arbres de nombreux pigeons ramiers dont les bandes venaient, le soir, s'abattre au milieu des cimes des chênes et des trembles.

Au-dessous de ces « couchers » on trouvait, le matin, un énorme mouchetage blanc de « colombine » qui trahissait le nombre des oiseaux ayant perché pour passer la nuit dans le bois.

De mémoire d'homme et de père en fils, dans la famille des Landry, on se souvenait que les pigeons voyageurs choisissaient de préférence la vallée au milieu de laquelle s'élevait le château de Morcerf, pour prendre un ou quelques jours de repos. Il est vrai, qu'outre plusieurs ruisseaux aux eaux claires et murmurantes, il y avait ample récolte de faînes et de champs de maïs et de blé noir dont les grappes offraient une nourriture exquise à ces hôtes ailés.

Mieux encore, il était arrivé que certains retardataires ou quelques blessés avaient cru devoir s'arrêter à Morcerf et y braver la froide saison d'hiver.

Certains d'entre ces sauvages empressés s'étaient même familiarisés — comme ceux du jardin des Tuileries — au point de venir manger aux pieds de madame de Morcerf et se laisser toucher par elle.

Deux d'entre eux, à qui l'on avait donné les noms de Coco et Tata, portaient au cou un joli ruban rouge dont ils semblaient être très-fiers.

C'était plaisir de les voir picorer les grains de blé et les miettes de pain qu'on leur distribuait sur le perron du château après le repas du matin. Dès que midi sonnait, quelque temps qu'il fît, on les voyait accourir du lointain horizon et s'abattre sur le devant des marches conduisant à la porte principale, en attendant la provende accoutumée qui ne leur faisait jamais défaut.

Sans doute les deux familiers avaient raconté à leurs congénères émigrants les bienfaits de l'hospitalité du parc de M. de Chérolles, car, au dire de tous les voisins, la colonne serrée des pigeons descendait toujours bien plus serrée là que partout ailleurs dans les environs.

Toutes les années, à la fin d'octobre, les arbres aux cimes dénudées se couvraient de grappes irisées et mouvantes qui reflétaient les prismes de ces coquillages chinois où la nacre réunit toutes les couleurs de l'arc-en-ciel.

Rien n'eût été plus facile que de s'avancer tout doucement sous les arbres et de tirer simultanément quelques coups de feu dans le tas. Les ra-

miers fussent tombés par centaines ; mais ce
massacre eût nécessairement effarouché les innocents volatiles qui, perdant toute confiance, eussent
bien vite fui un territoire où la mort diminuait leurs
rangs.

M. Agénor de Morcerf, qui avait visité les Pyrénées et assisté à ces chasses émouvantes des pa-
lommeries, s'était imaginé, certain jour, d'établir
dans la partie la plus reculée de son parc, au
centre d'un vallon formé par des rochers de grès,
— comme on en trouve dans la forêt de Fontainebleau — un « traquenard » en filets sur
le modèle de ceux qui sont établis dans le voisinage d'Ussal, de Bagnères-de-Luchon, d'Hyères
et d'Aslé.

Toute cette partie du parc était machinée, ainsi
que cela se dit au théâtre, de la même façon que
dans les Pyrénées.

Comme cela s'était pratiqué au château pour les
bécasses, Landry vint un soir prévenir MM. et
mesdames de Chérolles que les palombes passaient depuis vingt-quatre heures, car le vent souf-

fait du sud, et ils rasaient presque la terre.

— Si MM. d'Chérolles veulent qu'on tende les filets pour demain, m'est avis qu'c'est l'moment.

— C'est bien, mon cher Landry, faites le nécessaire et prenez les hommes qu'il vous faudra pour cela. Je veux que mesdames de Chérolles jouissent d'une surprise que je leur ai ménagée.

Or, pour comprendre ce que voulait dire le maître de Morcerf, nous devons raconter en peu de mots que vers le printemps M. Agénor avait fait venir des ouvriers et leur avait fait fabriquer de grandes billes de bois munies d'échelons semblables à des arêtes de poissons entés dans l'âme du milieu, que ces billes de bois ainsi préparées avaient été dressées sur certains points, et qu'à toutes les demandes de sa femme et de ses amis, M. de Chérolles avait répondu en disant que c'était un essai de sylviculture qu'il voulait faire, afin de couper le vent et lui donner une autre direction.

A cette explication bizarre les uns avaient cru, les autres avaient souri, mais personne n'avait pu tirer rien de mieux du maître de Morcerf.

L'heure des aveux était arrivée.

— Enfin ! je vais vous procurer une surprise, dit M. Agénor à ceux qui l'entouraient.

— Une surprise ! s'écria en chœur toute la compagnie.

— Eh ! mon Dieu, oui. Demain matin je vous conduis tous aux Pyrénées.

— Quelle plaisanterie !

— C'est comme cela. Seulement nous ne sortirons pas du parc pour cela.

— Encore une énigme.

— J'en conviens, mais vous saurez le mot de la devinette demain matin à l'aube, où je vous convie tous à une partie de plaisir qui réussira au [delà de toutes mes espérances, si j'ose en croire mes pressentiments. Bonsoir à tout le monde, et dépêchons-nous d'aller dormir pour nous réveiller au point du jour.

Ponctuels comme ceux qui sont intrigués par un

« rébus inexplicable », mesdames de Chérolles, leurs enfants et le frère de M. Agénor se levèrent à la lueur des bougies, tous « parés » comme des chasseurs descendant au premier coup de cloche qui annonce le *lunch* matinal et.... l'on monta en voiture pour arriver plus tôt... aux Pyrénées.

De nombreux coups de sifflet se faisaient entendre, et, de distance en distance, on apercevait des hommes au sommet des billes-échelles dans une sorte de logette semblable au panier d'une nacelle de ballon.

— Regardez bien et écoutez-moi, mes chers amis, je m'explique : j'ai voulu organiser une *palomière* à Morcerf ; je vais assister à une première chasse aux palombes. Voyez-vous ces enfants s'installer au centre des belvédères établis à la cime de ces billes de bois? entendez-vous des coups de sifflet simples et redoublés, brefs ou allongés. Tout cela a sa signification, et cette *téléphonie* raconte à ceux qui prennent part aux péripéties de la chasse que les pigeons volent par bandes séparées, haut ou bas, etc., etc. Chacun de mes machinistes est armé d'un petit drapeau blanc et d'une espèce de palette attachée à une cordelette qui est ce que l'on nomme la *malère*. Cette figure grossière d'un épervier effraye le vol et le fait dévier. Affolées par la vue de tant d'ennemis et par les cris qu'elles entendent, les palombes qui vont passer ce matin abaisseront leur vol et finiront par se précipiter à l'extrémité des arbres verts, à l'endroit où nous nous rendons et qui s'appelle le Désert. C'est là que se trouvent les pantières.

Pendant que M. de Chérolles expliquait ainsi aux dames et aux enfants les préparatifs de cette chasse nouvelle, le break avançait toujours sur le sable des allées.

— Papa, dit Lucien, où sont donc les filets dont tu nous as parlé?

— Je vais vous les montrer, répliqua le père, en aidant à descendre les voyageurs à l'endroit qu'il avait désigné au cocher et où ce dernier avait arrêté ses chevaux.

En effet, MM. et mesdames de Chérolles pouvaient apercevoir de vastes panneaux de ficelle teints en couleur brune, disposés de la façon suivante : Landry et ses camarades les avaient d'abord retenus à l'aide de petits cerceaux de bois enfoncés par les deux extrémités. Mais ils les avaient tendus au moyen de poulies fixées à la cime de deux perches, liées soit à des poteaux plombés à cet effet, soit à des arbres voisins. A leur partie supérieure ces filets étaient chargés de poids considérables à l'aide desquels on pouvait les laisser tomber quand le moment était jugé favorable par le chef oiseleur.

— Voyez-vous cette cabane façonnée de pieux inclinés et recouverte de fougère ? C'est là que se cache le chasseur qui surveille les cordes de chaque pantière retenue à l'aide d'un anneau dans une crémaillère de bois. Au moment propice, quand les volées de pigeons effrayées par les signaux et les cris des vedettes viendront s'engouffrer dans la vaste allée aboutissant au désert, l'oiseleur — qui n'est autre que Landry — lâchera les cordes, les pantières s'abattront, et un très-grand nombre de ramiers ou de colombes, si mieux vous aimez, se trouvera englobé dans les mailles des filets.

— Mais, demanda Henri à son oncle, il arrive bien que quelques oiseaux peuvent échapper.

— Certainement ! Mais dans les Pyrénées cette vie sauve arrive rarement. La plupart des palombes se blessent en tombant et on se hâte de les achever. Celles qui sont sauves ont les plumes coupées par l'oiseleur et ses aides ; puis on les place dans de grands paniers pour les transporter au pigeonnier, où on les engraisse afin de les vendre à loisir pendant l'hiver. Les gourmets méridionaux prisent fort un roti de grasses palombes, qui se vendent là-bas à très-bon compte, de huit à quinze sous la paire.

— Mesdames, messieurs, cachez-vous, s'écria tout à coup Landry qui se tenait sur le pas de sa cabane prêt à en refermer la porte sur lui.

— Aux arbres ! aux arbres ! Dépêchons-nous ! cria M. Agénor de Chérolles, qui entraîna au même instant sa belle-sœur et sa femme vers un massif de hêtres, asile sombre et cachette impénétrable aux yeux les plus exercés.

Dans le même instant l'oncle de Lucien avait emmené celui-ci, suivi par Henri, derrière une charmille épaisse où s'adossait une cabane semblable à celle où le garde-chasse allait... conduire l'orchestre.

— Voici le moment décisif, avait murmuré M. Agénor à toute l'assemblée, silence ! plus un mot.

En effet les cris des vedettes devenaient de plus en plus stridents, et bientôt un bruit insolite vint frapper les oreilles de chacun.

— C'est le vol des palombes dirent à voix basse les deux MM. de Chérolles à ceux et celles qui se trouvaient assis immobiles auprès d'eux.

Au même moment les pantières s'abattirent avec fracas.

— Allons, mes amis ! s'écria M. Agénor, voici l'instant de l'hallali. L'hallali des palombes.

Mesdames de Chérolles et leurs enfants s'étaient

hâtés d'accourir, et tous furent vraiment ébahis en voyant plus de cent cinquante oiseaux se débattant entre les mailles des filets. poussant des cris faits pour exciter la pitié, car chaque douleur a des accents faciles à deviner : chez les quadrupèdes aussi bien que chez les oiseaux.

On procéda aussitôt au triage : Landry et ses deux camarades retirèrent de dessous le filet des palombes, une bécasse et un épervier pris lui-même au trébuchet au moment où il poursuivait la volée avec un acharnement qui avait causé sa perte.

Landry donnait l'exemple à ses aides et immolait d'un coup de pouce les palombes blessées, les petits oiseaux et la bécasse.

Quant à l'épervier, on lui écrasa la tête sous le talon d'une botte.

Ordre avait été donné d'épargner les ramiers sains et saufs, et on les introduisait dans de grandes corbeilles en osier, ressemblant à ces cages d'osier où les paysans emprisonnent les pies ou les merles siffleurs.

A peine ce triage fut-il terminé que Landry et MM. de Chérolles engagèrent les dames et les jeunes écoliers ravis à reprendre leur poste et à se bien cacher.

Les vedettes annonçaient déjà l'arrivée d'une nouvelle bande d'émigrants.

La même chasse que celle que nous venons de raconter se renouvela trois fois dans l'espace d'une heure, à la grande surprise de mesdames de Chérolles, de Lucien et d'Henri qui prenaient grand plaisir à cette chasse inconnue.

Un autre étonnement était réservé à cette charmante famille. Vers dix heures du matin, quand on eut procédé aux comptes, — 376 prises, sur lesquelles il y avait cent deux oiseaux en vie, — toute la compagnie se dirigea en suivant le maître de Morcerf — vers un grand rocher de granit, s'élevant à l'extrémité du désert, à l'abri duquel se dressait une sorte d'*ajoupa* indien fabriqué de branches de sapin, de hêtre et de feuilles de fougère, devant lequel une table rustique était dressée, couverte d'assiettes de faïence, de couteaux à

manche de corne et de fourchettes anglaises. A
l'abri de la roche brûlait un feu dont le bois était
supporté par de grosses pierres en guise de che-
nets. Devant les charbons ardents, appendues à
des fourches de houx, rôtissaient des palombes et
des oiseaux à bec fin enfilés dans des broches de
fer par les soins du maitre queux de Morcerf
qui présidait à cette opération culinaire champêtre.

— A table, fit M. de Morcerf. Je vous offre un
déjeuner aussi succulent que celui qu'aurait pu
vous servir le café Anglais ou Brébant à Paris.
Vous allez voir.

Chaque convive prit place : on s'assit sur des
escabeaux rustiques, et les domestiques appor-
taient tout brûlants les palombes et les becs-fins
cuits au point et bardés d'un morceau de lard
rissolé.

— Jamais je n'ai assouvi pareille gourmandise,
dit enfin madame de Chérolles de la Nièvre. Merci,
cher beau-frère, du plaisir que vous nous avez
offert ce matin.

— Oh ! que c'est bon ! disait Henri.

— J'ose dire, affirma Lucien, que je préfère ce déjeuner à ceux du collége.

Et chacun se prit à rire de cette remarque lancée en guise d'épigramme.

Pendant que les convives du « repas du Désert » faisaient honneur à ce déjeuner exquis arrosé d'un vin de prince du meilleur crû, Landry et les autres gardes s'étaient emparés d'une autre bande de palombes moins nombreuse que les premières, mais dans laquelle se trouvait un spécimen assez rare que les gens du pays Basque appellent des *papagarri*, oiseau à la gorge chatoyante couleur d'émeraude irisée, aux ailes d'un gris bleu et aux pattes rouges.

Le *papagarri* fut mis très-soigneusement dans une cage à part, pour être placé dans la volière de Morcerf.

Le jour suivant, le spectacle de la chasse aux palombes fut offert aux châtelains de la Navonnière que l'on avait prévenus, par un message pressant, du succès de la première représentation ou plutôt de la répétition générale.

Tout se passa suivant l'ordre du programme, avec la même mise en scène.

Les enfants de M. et de madame de la Navonnière étaient aux anges, et manifestaient leur joie par des cris bruyants, à la chute de chaque pantière se couvrant des vols de palombes.

Le festin de l'ajoupa, à l'abri de la roche, en vue de la cuisine en plein vent, eut surtout un succès sans pareil.

— Mordieu ! mon cher comte, dit enfin M. de la Navonnière à M. de Chérolles, « je vous ai invité à Venise, vous me faites déjeuner à Ferrare ». Autrement dit : votre chasse aux palombes est bien supérieure à ma canardière.

— Oh ! non, répliqua modestement M. Agénor.

— Ah ! si, riposta M. de la Navonnière, car ce qui fait le charme de votre fête, c'est ce déjeuner improvisé sur l'herbe. Ne vous en défendez pas, mon cher voisin, je m'avoue vaincu.

Ce fut en plaisantant agréablement de la sorte, que MM. de Chérolles et de la Navonnière, leurs femmes et leurs enfants, retournèrent au château de Morcerf, où l'hospitalité fut offerte aux hôtes amis de la maison.

CHAPITRE XI

Les invités du château demeurèrent encore le lendemain à Morcerf, attendant que le temps, qui s'était mis à l'orage depuis la veille au soir, reprît son calme et sa sérénité. Quand vint la nuit comme la pluie redoublait, et qu'il était impossible et inutile de retourner à la Navonnière, il fallut encore accepter l'hospitalité de M. et de madame de Chérolles.

Le cuisinier s'était surpassé ; il avait façonné en maître des timbales de filets de palombes enchevétrées de crêtes de coq et de champignons, qui furent trouvées exquises. On fit également honneur à des « pigeons crapaudines » d'un goût fort délicat. Bref, la bonne chère fut consciencieusement savourée par tous ceux qui avaient pris place autour de la table de la vaste salle à manger.

Après le dîner, M. de la Navonnière demanda à madame de Chérolles si elle avait jamais assisté à une chasse au faucon ?

Sur sa réponse négative, le père de Jules et d'Amélie proposa à ses amis de prendre jour pour le samedi suivant, — on était au mercredi, — afin de jouir d'un « vol » sur les rives de son grand étang.

M. de la Navonnière dut alors expliquer à ses amis, — sauf à MM. de Chérolles, qui le savaient, — ce que c'était qu'un « vol » ; et il ajouta qu'il avait écrit à M. Pierre Pichot, son ami, pour le prier de lui envoyer ses faucons avec leur fauconnier. Le matin même, le facteur de la poste lui avait remis une lettre qui lui apprenait que l'éleveur d'oiseaux de proie et les six gerfauts allaient se mettre en route, et seraient le surlendemain au manoir, dès le matin. Donc une journée de repos suffisait à l'homme et à ses intéressants pupilles.

Les dames et les jeunes gens le pressèrent de questions.

— Je vous dirai, en peu de mots, répondit M. de la Navonnière, que l'art de chasser, à l'aide du faucon, remonte à une très-haute antiquité. Les Égyptiens, les Chinois, les aborigènes de l'Afrique connaissaient, bien avant nous, ce genre de chasse. Aux siècles passés, avant l'invention du fusil, le chasseur ignorait l'art de s'emparer de sa proie autrement qu'à l'aide de faucons dressés. Rien n'est plus difficile que d'élever des oiseaux pour le vol ; mais, dans ces derniers temps, MM. Verli, de Reims, ont renouvelé cette éducation, à l'instar des fauconniers de Hollande, et ils se donnent à eux et à leurs amis le plaisir d'une prise de hérons ou de canards sauvages, en les faisant voler par leurs faucons.

— Vous nous donnez un avant-goût charmant

de cette chasse sans fusil, fit madame de Chérolles;
vous seriez bien aimable de nous raconter tout ce
que vous savez à ce sujet.

— Vos désirs sont des ordres, madame, répliqua
M. de la Navonnière. C'est sous Louis XIII que le
« vol au faucon » a été en très-grande faveur.
La Belgique avait le privilége d'importer en France
un grand nombre de faucons tout dressés pour la
chasse. C'est à Walbensweert, province de Lim-
bourg, près de Maestricht, que se tenait la plus
belle fauconnière du monde. Depuis Louis XIII,
sous les rois qui lui succédèrent, « le vol » tomba
en désuétude, et cette coutume disparut peu à peu.
C'était dommage ! car elle avait du bon. Il y a
une trentaine d'années, les Anglais des Indes,
grands sportmen, relevèrent la fauconnerie, qui
devint bientôt un des divertissements les plus re-
cherchés. Les indigènes leur avaient appris à élever
les oiseaux, et ils devinrent passés maîtres en peu
de temps. Les plus estimés de tous les faucons de
l'Inde sont le *goulalichushm*, — faucon de poing,
— et les *flacushm*, — faucons à longues ailes.

C'est grâce aux récits de tous les voyageurs revenus des grandes Indes que le sport du faucon a été renouvelé en Europe.

Est-ce la première fois que vous aurez vousmême le plaisir de faire cette chasse, mon cher voisin ? demanda M. de Chérolles à M. de la Navonnière.

— Non, cher comte ; j'ai déjà « pratiqué » avec MM. Verli ; mais je ne me pose point comme un professeur. Aussi ai-je mandé à mon manoir le fauconnier de M. Pichot, qu'il a bien voulu mettre à ma disposition. Samedi, si le temps le permet, nous jouirons tous ensemble d'un spectacle des plus émouvants.

— Vous aurez les faucons, cela est certain, fit M. de Chérolles de la Nièvre ; mais où trouverezvous les hérons ?

— Parbleu ! le long de mon grand lac ; il y en a toujours une demi-douzaine, se tenant sur une patte, la tête rentrée dans le cou, et dormant paresseusement toute la journée si on ne les dérange pas. Je dirai même plus : c'est que certains de ces

oiseaux nichent, au printemps, dans les aulnes et
les peupliers. J'ai maintes fois observé ces phalans-
tères aériens, où chaque couple aide son voisin à
réparer les nids de la colonie et à en édifier de
nouveaux. Rien n'est plus curieux, vraiment : et
l'on comprend les naturalistes qui passent des
journées entières en sentinelle, examinant les
mœurs des oiseaux dont ils veulent connaître l'histoire.

Moi qui vous parle, j'ai assisté certain jour à un
drame des plus saisissants sur les bords du lac de la
Navonnière. Il y avait sept nids de hérons, groupés
ensemble dans une saulaie. Un matin, tandis que
les mâles cherchaient au loin leur nourriture et celle
de leur famille, les femelles se virent assaillies par
une volée de corneilles. En vain avaient-elles fait
un rempart de leur corps à leurs œufs et à leurs
petits éclos ; en vain avaient-elles cherché à atteindre de leur bec pointu les brigands ailés qui osaient
s'attaquer à leur progéniture, ces pauvres « hé-
ronnes » se voyaient vaincues par un ennemi dont
les rangs se renouvelaient sans cesse pour op-

Les naturalistes passent des journées entières en sentinelles. (Page 188.)

poser des adversaires dispos à des combattants fatigués.

Tout à coup, au milieu du bruit de cette scène de meurtre et de carnage, les mâles revinrent et se jetèrent à leur tour sur les méchants oiseaux, les poursuivant sans merci et en massacrant un grand nombre. Une heure après, toutes ces familles éplorées avaient repris leur calme.

— Nous passerions la nuit à écouter ces récits intéressants, fit Lucien, lorsque M. de la Navonnière eut fini de parler.

— Dans l'intérêt de votre sommeil, qui vous réclame, dans la crainte de vous ennuyer, je m'arrête.

Chacun se récria à ces paroles : Nous ennuyer ! bien au contraire ! Mais le narrateur tint bon et déclara que pour rien au monde il n'enfreindrait les habitudes de Morcerf. On se retirait à onze heures ; la pendule allait sonner ; et d'ailleurs il aimait mieux que ses amis jouissent d'un plaisir ignoré. Il remettait donc au samedi suivant le tableau effectif qu'il se proposait de montrer à MM. et mesdames de Chérolles.

— A samedi ! s'écria-t-on en chœur.

— A samedi ! ajoutèrent les enfants ; mais les deux jours qui précéderont la chasse que vous nous promettez vont nous paraître bien longs.

— En travaillant et en lisant de bons livres, mes amis, répondit M. de la Navonnière, vous « tuerez » le temps, comme on dit vulgairement dans notre langue.

On se dit adieu, on se souhaita bonne nuit ; et nous savons que les heures s'écoulèrent fort paisibles pour tous les hôtes du château de Morcerf.

Le lendemain, madame de la Navonnière et son mari, Jules et Amélie, leurs enfants, rentrèrent dans leur château, en renouvelant leur invitation pour le samedi.

Il eût été impossible de rien entreprendre pendant ces deux jours-ci, et les jeunes de Chérolles furent obligés de s'occuper comme ils le purent, car la pluie tombait par torrents. Le vendredi soir, le vent changea, heureusement, car les enfants commençaient déjà à se désespérer, voyant « tomber dans l'eau » tous les beaux divertissements qu'on leur avait fait entrevoir.

Enfin on arriva au samedi : l'aube se levait brillante quand M. de Chérolles amena à la Navonnière sa femme, sa belle-sœur, son frère et leurs enfants.

On se hâta de déjeuner dès que les compliments eurent été échangés entre amis ; puis on se rendit au lac où avait eu lieu la chasse aux canards et aux macreuses.

— Tout est prêt, disait M. de la Navonnière. Le fauconnier de M. Pichot est arrivé hier soir, avec une cage portative contenant six faucons, tous parfaitement élevés. Nous aurons, je l'espère, un spectacle des plus curieux.

Dès qu'on eût atteint le voisinage du lac, les Navonnières et les Chérolles mirent pied à terre et suivirent un sentier qui aboutissait au sommet de la jetée-culée de la nappe d'eau.

De ce point culminant on dominait toute l'étendue de la nappe liquide, et vers le milieu du marécage on apercevait distinctement le fauconnier tenant deux faucons, l'un sur le poing, l'autre sur l'épaule, et n'attendant plus que le signal convenu, — dès que les maîtres seraient arrivés, — pour commencer la chasse.

M. de la Navonnière, à l'aide d'un binocle de théâtre, découvrit cinq hérons qui dormaient tranquillement le long des berges du lac.

Tandis qu'il cherchait ainsi des yeux les oiseaux qui devaient être le but de la chasse, le fauconnier s'avançait au milieu des arondes ; et, au bruit qu'il faisait dans le paisible marécage, un énorme héron ouvrit ses ailes et, se livrant au vent, monta tout d'un coup, comme s'il eût eu l'intention de se perdre dans l'espace. En dix secondes, il n'était déjà plus qu'un point noir dans le clair azur du ciel.

Le fauconnier se hâta de décapuchonner le faucon qu'il tenait sur son poing.

L'oiseau, à qui il rendait ainsi l'usage de ses yeux, se tint d'abord immobile, puis dès que son regard eut embrassé l'horizon et qu'il eut découvert le héron « au long bec emmanché d'un long cou », il poussa deux ou trois cris de

13

colère et, ouvrant ses ailes, s'élança dans l'espace.

Le « *cinerea ardea* » montait toujours, mais son ennemi gagnait sur lui ; et l'on ne vit bientôt que deux points noirs se heurtant l'un contre l'autre, se fuyant, se rapprochant et tourbillon—nant.

Puis la grosseur de ces deux points noirs devint plus visible ; les oiseaux descendaient ensemble : le héron regagnait son marais, les jambes allon—gées, le cou droit, la tête raide.

On l'eût pris pour un aérolithe détaché des mondes inconnus.

Tandis que cette chute avait lieu, le faucon, qui ne comptait pas abandonner ainsi sa victoire, usa du même moyen de descente ; seulement il dépassa le héron, s'élança à sa poitrine, et le renversa tout à coup sur le dos.

On ne tarda pas à voir des plumes empourprées de sang s'éparpiller dans l'espace. Quelques ins—tants après, l'infortuné héron roulait sur lui-même comme si une balle l'eut atteint en plein corps.

Cet incident ne fut pas de longue durée ; l'oiseau se releva, et la bataille recommença plus terrible qu'avant. Le faucon et le héron décrivaient des orbes immenses, tantôt ronds, tantôt d'une ellipse insensée.

A un moment donné, le héron, étreint par les serres puissantes de l'oiseau de proie, la poitrine ouverte, tomba violemment sur le sol, où son ennemi se hâta de l'achever.

Tandis que ce drame aérien était joué devant mesdames de Chérolles et de la Navonnière, les hommes et les enfants se regardaient avec étonnement : les premiers, heureux de ce début de chasse ; les autres, stupéfaits d'un spectacle qui était, certes, bien fait pour les émouvoir.

Deux fois, après cette première victoire, le fauconnier de M. Pichot engagea la bataille avec deux autres hérons qui se levèrent devant lui, et le dénoûment fut le même, après des incidents divers, mais qui ne changeaient en rien les chances de succès.

Le troisième héron était tombé sur le sol et se débattait contre les étreintes du faucon, lorsqu'un chien qui accompagnait le garde chef, — lequel suivait la chasse sur les bords du lac, — arriva sur le lieu du combat et voulut en avoir sa part.

— Monsieur, cria aussitôt le fauconnier au garde, rappelez votre chien ; s'il s'approche trop du héron, il se fera crever un œil et peut-être les deux.

— Ah ! bah ! Milord en a bien vu d'autres. Peut-être craignez-vous pour votre faucon ?

— Non certes ; mais c'est pour votre toutou... Rappelez-le donc.

— Ne craignez donc rien ; laissez-le rapporter le héron.

Encouragé par la voix de son maître, l'animal fit un pas en avant ; mais au même moment il bondit en hurlant de douleur, et tourna sur lui-même comme s'il était fou.

Il avait un œil entièrement arraché de l'orbite.

J'avions r'trouvé ses pieds empreignés dans la boue jusqu'à la porte de sa maison.   (Page 198).

Le garde-chasse n'était pas content, et le fauconnier lui répétait :

— Je vous avais prévenu.

Tel fut le dernier épisode de la chasse au faucon organisée par M. de la Navonnière.

On rentra au château, où le déjeuner attendait les hôtes amis.

Au moment où M. de Chérolles descendait de voiture, il aperçut devant lui son garde Landry, qui arrivait de Morcerf, sans être attendu.

— Qu'est-ce que tu fais là, mon garçon ? demanda-t-il à celui-ci.

— Pardon, m'sieur l'comte, j'arrive pour affaire urgente. C' damné Fouraille est revenu la nuit dernière, et il a fait main basse sur nos faisans. J'avions suivi sa trace jusqu'au mur de la pépinière, et de l'autre côté, après avoir franchi la muraille, j'avions r'trouvé ses pieds « empreignés » dans la boue jusqu'à la porte de sa maison.

— C'est ta faute, mon pauvre Landry ; tu aurais dû faire bonne garde.

— Mais m'sieur l' comte, « le guerdin » a attendu

l'matin, au moment où j'rentrions, pour faire son coup. Dès qu' j'avions été sûr et certain qu' c'était ben lui, j'avons prévenu l' brigadier de la gendarmerie de Melun, et il m'enverra deux d' ses hommes, habillés en bourgeois, cett' nuit prochaine ; faut qu' nous pincions l' coquin.

— Tu as bien fait. Je te donne carte blanche. J'avais prévenu Fouraille ; il n'a pas tenu compte de mes avis ; tant pis pour lui. Rentre à Morcerf, mon brave Landry. Nous causerons ce soir à mon retour.

M. de la Navonnière, qui avait assisté à cette conversation, proposa à M. de Chérolles de lui prêter deux de ses gardes pour secourir au besoin les gendarmes et Landry.

M. de Chérolles accepta ; car il savait que Fouraille était un homme très-dangereux qui, quand il se verrait pris, se défendrait comme un lion.

Cette nouvelle apportée par Landry à son maître avait assombri le visage du maître de Morcerf, qui fit peu honneur au succulent déjeuner de M. de la Navonnière.

— Vous avez tort, mon cher ami, de vous créer des chimères au sujet de ce coquin-là. On le prendra, on l'emmènera à Melun ; il passera aux assises, et on l'enverra pendant quelques années dans un bagne, où il deviendra un vrai scélérat.

— Tout ce que vous dites est possible ; mais il n'en est pas moins vrai que ce démon-là a une femme et des enfants, et c'est plus pour eux que pour lui que je me désole.

— Vous en serez quitte, bon cœur que vous êtes, pour avoir soin de cette intéressante famille pendant que son chef expiera ses méfaits.

— Pardon, cher voisin, de troubler ainsi la fin d'une aussi agréable journée, et vous, madame, excusez-moi et permettez-moi de porter la santé de mon hôte, de mon hôtesse et de leurs charmants enfants.

Ce toast fut accueilli avec enthousiasme. On alluma les cigares et, sur l'ordre de M. de la Navonnière, la voiture de MM. et de madame de Chérolles s'avança devant le perron.

— Vous enverrai-je mes gardes ? fit le maître de la maison à son ami, en lui serrant la main.

— Si vous le voulez bien.

— A dix heures ils seront chez vous.

— Adieu !

— Au revoir !

Et les deux chevaux fringants attelés à la calèche emportèrent le véhicule avec rapidité sous la voûte verdoyante de la forêt que l'on traversait pour rejoindre Morcerf.

[illegible]

[illegible] [illegible] [illegible]
[illegible] [illegible] [illegible] [illegible]
[illegible] [illegible] [illegible] [illegible]
[illegible] [illegible] [illegible]
[illegible] [illegible] [illegible]
[illegible] [illegible] [illegible]
[illegible] [illegible] [illegible]
[illegible] [illegible] [illegible] [illegible]
[illegible] [illegible] [illegible] [illegible]
[illegible] [illegible] [illegible]
[illegible] [illegible] [illegible]
[illegible] [illegible] [illegible]
[illegible] [illegible] [illegible]
[illegible] [illegible] [illegible]
[illegible] [illegible] [illegible] [illegible]
[illegible] [illegible] [illegible]
[illegible] [illegible] [illegible]
[illegible] [illegible] [illegible]
[illegible] [illegible] [illegible]

CHAPITRE XII

Après le dîner, on vint prévenir M. Agénor que Landry et les deux gendarmes étaient arrivés.

Il avait donné l'ordre qu'on les introduisît dans une pièce servant de fumoir et ils attendaient là, quand il vint les rejoindre.

Les deux représentants de la force armée étaient couverts de blouses, mais à certaines protubérances qui gonflaient leurs vêtements, on devinait qu'ils étaient armés de revolvers.

— Merci, messieurs, de venir aider mon brave Landry.

Les gendarmes s'inclinèrent.

— Je vous laisse parfaitement libres d'arranger avec mon vieux serviteur cette partie de chasse à l'homme, à laquelle je ne veux pas prendre part; non point que j'aie peur d'un mauvais coup, mais parce que celui que vous allez prendre — et vous le prendrez — est un malheureux ayant de la famille et m'inspirant de la pitié. Toutefois, il faut que cet état de choses cesse. Fouraille est la terreur du canton; notre devoir est de rendre à la société le service de la débarrasser d'un homme dangereux. M. de la Navonnière m'a promis de m'envoyer ses deux gardes. Vous aurez avec vous Berthet mon faisandier, Jean mon cocher et François mon valet de pied.

— Et moi, monsieur le comte, si vous l'permettez, ajouta un jeune garçon qui pénétra hardiment dans la salle.

— Ah ! te voilà, Joseph.

— Partout où l'on peut se rendre utile pour vous, j'y s'rai.

Celui qui parlait ainsi est une de nos dernières connaissances, Joseph Carrier, le pêcheur de grenouilles.

M. de Chérolles adressa un sourire de bienveillance à Joseph, qui entra suivi par les deux gardes de M. de la Navonnière, lesquels saluèrent profondément le maître de Morcerf.

— Eh bien! Landry, quel est ton plan de campagne ?

— J'vas vous dire c' qu' j'avions ruminé dans ma tête, sauf vot' respect. Jean ira s' placer vers la muraille du potager qui longe l'enceinte de la pépinière. François s' postera près de la mare, dans le creux du vieux saule. Quoi qu'ils voient, quoi qu'ils entendent, ils n' bougeront point que quand un coup de sifflet, trois fois répété, les avertira qu'il est temps d' s' r'plier bien vite du côté où nous s'rons embusqués, messieurs les gendarmes et moi, c'est — à — dire vers le grand chêne, où s'perchent les faisans du parc et sous l'quel j'avions trouvé hier deux mèches de soufre et une poignée de plumes de nos oiseaux.

— Et moi, m'sieur Landry, où me mettrai-je ? demanda Joseph Carrier.

— Avec mes amis de la Navonnière, dans la mare desséchée qui est de l'autre côté du chêne. D' la façon qu' voici, nous entourerons l' grand arbre aux faisans et si Fouraille peut s' sauver, y s'ra plus malin que j' n' l' crois.

— Ton plan est fort bon, mon brave Landry, mais as-tu un revolver ?

— J' n'avions point besoin d' ça : mon fusil à deux coups m' suffira.

— M'sieur l' comte, voulez-vous m' l' prêter à moi qui n'ai pas d'arme ? demanda Joseph Carrier.

— Très-volontiers. Sais-tu te servir de cette arme ?

— Comme de ma fourchette pour les grenouilles m' sieur l' comte.

— Voilà qui est parfait. A quelle heure comptez-vous aller vous placer en embuscade ?

— Vers minuit, car c'est vers une ou deux heures que l' maudit braconnier r'viendra faire son coup.

— Bonne chance ! mes enfants, fit M. Agénor. Allez vous rafraîchir et souper, afin d'être bien disposés à votre expédition nocturne.

. . . .

. . . .

Transportons-nous aux confins du village de X......, qui s'élevait à l'extrémité nord de cet amas de cabanes, au centre duquel une pauvre église en pierre se dressait dans l'humble cimetière.

L'une de ces cabanes, aux ais mal joints, aux fenêtres sans carreaux entiers, couverte d'un chaume à travers lequel passaient la grêle, la pluie, le vent et la poussière, servait d'asile, pour ne pas dire d'abri, à la famille Fouraille. Le mobilier se composait d'une table et de deux bancs. Une chandelle fumeuse éclairait cet intérieur misérable.

Au fond de la pièce, contre la paroi de la muraille, deux mauvais grabats servaient de lit, l'un à Fouraille et à sa femme, l'autre à ses enfants.

Sur la table une soupière ébréchée, fendue, raccommodée avec des attaches, contenant une soupe où la graisse ne dominait point; pauvre nourriture pour des gens plus pauvres encore.

Les enfants du braconnier et sa femme trempaient chacun à son tour une cuiller de bois dans ce maigre brouet et avalaient silencieusement leur provende.

Deux larmes coulaient le long des joues de la pauvre mère, dont le visage émacié, les membres amaigris, trahissaient une profonde douleur. Elle mangeait à peine, on eût dit qu'elle se privait pour laisser plus de nourriture à ses enfants.

Un bruit de pas se fit entendre au dehors, qui fit tressaillir la famille entière.

— C'est p'pa! dirent les malheureux.

— C'est lui, pensa la mère.

C'était Fouraille en effet. Fouraille ivre, ayant bu au cabaret voisin tout l'argent que lui avait procuré la vente du gibier volé la nuit dernière à M. de Chérolles.

— Pourquoi tout c' mond' n'est-il pas couché? fit-il d'une voix rude.

— Nous t'avons attendu pour souper.

— Je mangeais avec des amis, réplique-t-il, en faisant claquer sa langue contre son palais. Et puis, j'ai affaire cette nuit dehors et... ça suffit. J' n'ai pas d' comptes à rendre.

— Donne-moi un peu d'argent pour acheter du pain à nos enfants ; il n'y en a plus à la maison, fit la femme.

— J' n'en ai pas, et d'ailleurs n' viennent-ils pas de manger ?

— Mais......

— Pas d' mais : taisons-nous. Où est ma blouse? Où s' trouve mon pistolet? As-tu fait des mêches de soufre ?

La malheureuse femme de Fouraille lui donnant ce qu'il demandait, en tremblant :

— Non ami, n' vas donc pas dans le parc de Morcerf.

— Qui t'a dit que j'allais là ?

— Vois-tu, il t'arrivera malheur ; j' l' pressentions. N'y va pas c' soir.

— Ta ta ta ! des sornettes. Couche-toi ! J' vais où j' vais. Tu n'en sais rien, tu n'en dois rien savoir.

Et ouvrant la porte, il se précipita dans la ruelle aboutissant aux champs dans la direction de Morcerf.

. . . .

— Chacun est-il à son poste ? disait Landry à ses camarades.

— Oui ! murmuraient les camarades du garde qui s'étaient empressés de faire ce qu'il avait commandé.

Il était une heure du matin : on entendit l'horloge du château tinter dans le lointain.

Un bon quart d'heure s'écoula, sans que l'on ouït autre chose que le bruit des pas d'un lapin qui se glissait dans une coulée, ou d'un oiseau réveillé qui volait d'une branche à l'autre.

Tout à coup, un crépitement interrompit ce silence. C'était, à n'en pas douter un bruit de pas

discrétement appuyés sur le sol ; mais, de temps
à autre, un caillou faisait hésiter le marcheur
encore invisible, une branche cassée produisait
un coup sec, signe d'un passage brutal... Enfin,
une ombre se glissa derrière un gros chêne, et
un visage patibulaire, ombragé par un chapeau
de feutre mou, se montra derrière le roi des forêts,
furetant de çà, de là, afin de sonder l'horizon
devant lui.

Nos affûteurs, qui voyaient sans être vus, res-
piraient à peine, et Landry les retenait d'une main
ferme, qui semblait leur faire comprendre que le
moment d'agir n'était pas encore venu.

C'était bien Fouraille, le braconnier sans pareil
de Seine-et-Marne, la terreur de tous les propriétaires du pays, celui qui ravageait Ferrières à
MM. de Rothschild, Hermières à M. Emmanuel
Moïana , Armainvilliers à MM. Péreire.

Fouraille, se croyant parfaitement seul, s'avança
jusqu'au devant du grand chêne, et, tirant de sa
poche quelques allumettes, il enflamma une des
mèches soufrées qu'il tenait à la main, et qu'il

avait placées à l'extrémité d'une longue gaule, fendue à son extrémité.

Une minute s'écoula, suivie de quelques autres, puis l'on entendit quelque chose de lourd qui tombait, un bruit d'ailes qui crépitaient, et Fouraille mit bientôt le pied sur le cou d'un superbe coq que la fumée de soufre avait étourdi, et qui était tombé de branche en branche.

— Et d'un ! murmura-t-il à part lui.

Il recommença aussitôt le même jeu.

Un second faisan, — une belle poule cette fois, — vint encore rouler par terre.

Landry était resté impassible, mais, quand il comprit que Fouraille allait s'éloigner, il porta résolument le sifflet à ses lèvres et en tira trois coups aigus.

A ce bruit, le voleur de gibier tressaillit, et, se tournant du côté où cette alerte était venue interrompre son vol nocturne, il aperçut Landry, qui le tenait en joue, les deux gendarmes, qui faisaient de même, et les gardes de la Navonnière, qui surgissaient du milieu de la mare desséchée.

— Rends-toi, coquin, rends-toi, on ne te fera pas de mal, s'écria Landry, mais, nom d'une carabine, n' fais point l' malin.

— J' m' moqu' d' votr' « piston », riposta Fouraille. Tu m' m'naces, attention, moi aussi j' suis armé. J'ai un revolver à six coups, et l' premier qui s'avance est un homme mort.

Il y eut une sorte d'hésitation entre les gendarmes, qui, eux, n'éprouvaient pas la moindre peur, mais observaient du moins une certaine prudence.

Tout d'un coup, l'un d'eux, se penchant et le corps ployé en deux, se précipita dans la direction de Fouraille. Celui-ci, le voyant venir, dirigea son arme contre le brave soldat et lâcha la détente. La balle, au lieu d'atteindre le premier gendarme, alla malheureusement frapper le second à l'humérus.

Un cri terrible se fit entendre, suivi de tous les cris des assaillants, car, dès lors, la mêlée devint générale, et les détonations se suivaient avec une rapidité effrayante.

Fouraille, enveloppé de toutes parts, avait perdu la tête, et, comme la bête fauve acculée et se voyant perdue, il tirait à droite et à gauche les cinq autres cartouches que contenait son revolver, hurlant des menaces de mort, qui heureusement ne se réalisèrent point.

C'était déjà bien assez qu'il eut atteint le brave gendarme, dont la blessure était fort grave.

Landry et les deux gardes de la Navonnière s'é-taient emparés, le premier de son bras gauche, le second de son bras droit, et le troisième du collet de sa blouse, tandis que Jean le cocher et François, aidés du gendarme non blessé, s'effor-çaient de le garrotter à l'aide de cordes préparées à cette intention par les soins du garde chef de Morcerf.

— Canailles ! Faillis chiens ! hurlait Fouraille, je vous ferai votre affaire, un jour ou l'autre.

— Parle pour toi, assassin, c'est ton affaire qui est faite ! La justice te f'ra couper l'cou, et c' s'ra bien fait.

A ces mots, qui lui rappelaient sa terrible situation, Fouraille comprit qu'il était perdu. Toute sa rage s'émoussa, il ne résista plus et se laissa mettre les menottes sans plus de difficultés.

— Allons ! en route, lui dit le gendarme valide. Vous, mes amis, aidez mon camarade à se relever. Emportez-le dans vos bras, comme vous pourrez, jusqu'au château, où nous procéderons à son pansement.

Pauvre gendarme, victime de son devoir, il était bien malade. A moitié évanoui, on l'eût cru près de mourir ; le sang coulait de sa plaie, et il était incapable de se remuer.

Les deux gardes de la Navonnière coupèrent deux fortes branches, y jetèrent en sautoir quelques vêtements, et étendirent le brave homme sur cette civière improvisée. Le sinistre cortége se mit en route. Jean et François soutenaient le pauvre gendarme porté par les gardes, Landry et le gendarme valide maintenaient Fouraille, qui, du reste, avait perdu toute énergie.

On parvint ainsi dans la cour du château de Morcerf.

Sur le perron se tenaient debout MM. de Chérolles, qui avaient entendu, de leur chambre à coucher, les détonations successives du revolver du braconnier assassin, et s'étaient levés à la hâte pour aller voir ce qui se passait.

L'aspect du sinistre cortége les impressionna vivement.

— Que s'est-il donc passé, Landry? demanda M. Agénor.

Le garde chef raconta les événements de la façon la plus brève. M. de Chérolles félicita le gendarme et ses camarades de leur courage et donna des ordres pour qu'on allât chercher deux matelas, sur lesquels on coucha le pauvre blessé, en attendant que le médecin, — qu'on envoyât quérir aussitôt, — vînt panser sa blessure.

M. Agénor de Chérolles, s'adressant alors au braconnier, lui dit :

— Je t'avais fait grâce à différentes reprises, Fouraille, mais, cette fois, tu as mis la justice entre nous deux. Tant pis pour toi, qui, père de famille , n'as pas craint de tirer sur un brave homme, lequel ne faisait que son devoir en s'emparant d'un voleur de profession. Tu vas passer devant le jury de la cour d'assises, et tu seras condamné.

— Vous m' la payerez tous, un jour ou l'autre, hurla Fouraille. J' m' moqu' de vous et des juges. Le jour où j' sortirai des galères, j' r'viendrai, et alors, malheur !

— On ne revient pas de l'échafaud, et tu seras condamné à mort, répliqua le gendarme, qui le tenait toujours par les menottes.

Cette sentence anticipée, prononcée par le représentant de la loi, attéra Fouraille qui se laissa emmener sans ajouter la moindre parole.

Le matin même, il était écroué à Melun.

. . . .

Le docteur, ami et visiteur des châtelains de Morcerf, était accouru pour soigner le pauvre gendarme ; il jugea la situation fort grave, car il se hâta d'envoyer chercher un de ses confrères à Paris, pour l'aider dans l'extraction de la balle, qui était restée dans l'humérus. Cette opération fut faite avec toute l'habileté de praticiens émérites, mais, hélas! la fièvre vint, le délire l'accompagna, et le courageux soldat, qui avait échappé aux dangers de nombreuses batailles, succomba, une semaine après la prise de Fouraille, malgré les soins dont il avait été entouré.

Ce fut un jour de deuil pour la famille de Chérolles, qui n'avait pas voulu laisser à d'autres le devoir de soigner l'homme qui avait été frappé pour sauvegarder ses droits et défendre la société et la loi.

Henri et Lucien accompagnèrent leurs pères, qui suivaient le convoi du malheureux gendarme. Il y avait aussi à ces obsèques tous les gens de Morcerf et un grand nombre de voisins.

On comprendra facilement que cette catastrophe imprévue avait interrompu non-seulement les plaisirs de la chasse, mais toute pensée de récréation à Morcerf.

D'autre part la Toussaint arriva : il fallait rentrer au collége, les vacances étaient finies.

Ces chers enfants remercièrent de bon cœur leurs excellents parents pour les amusements nombreux qu'ils leur avaient donnés, et promirent de se remettre courageusement au travail pour prouver leur reconnaissance.

Ils ont tenu parole, et le collége de M....... compte parmi ses meilleurs élèves les deux cousins qui sont aimés de tous leurs camarades.

TABLE DES MATIÈRES

ABBEVILLE. — IMPRIMERIE BRIEZ, C. PAILLART ET RETAUX.